建筑工人职业技能培训教材

装饰装修工程系列

金 属 工

《建筑工人职业技能培训教材》编委会 编

中国建材工业出版社

图书在版编目(CIP)数据

金属工 /《建筑工人职业技能培训教材》编委会编
. —— 北京：中国建材工业出版社，2016.9（2018.5 重印）
建筑工人职业技能培训教材
ISBN 978-7-5160-1542-1

Ⅰ．①金… Ⅱ．①建… Ⅲ．①金属饰面材料－工程装
修－技术培训－教材 Ⅳ．①TU767

中国版本图书馆 CIP 数据核字(2016)第 145041 号

金属工
《建筑工人职业技能培训教材》编委会 编
出版发行：中国建材工业出版社
地　　址：北京市海淀区三里河路 1 号
邮　　编：100044
经　　销：全国各地新华书店
印　　刷：北京雁林吉兆印刷有限公司
开　　本：850mm×1168mm 1/32
印　　张：7
字　　数：150 千字
版　　次：2016 年 9 月第 1 版
印　　次：2018 年 5 月第 2 次
定　　价：24.00 元

本社网址：www.jccbs.com　微信公众号：zgjcgycbs
本书如出现印装质量问题，由我社市场营销部负责调换。电话：(010)88386906

《建筑工人职业技能培训教材》

编 审 委 员 会

前　　言

《中华人民共和国就业促进法》、国务院《关于加快发展现代职业教育的决定》[国发(2014)19号]、住房和城乡建设部《关于印发建筑业农民工技能培训示范工程实施意见的通知》[建人(2008)109号]、住房和城乡建设部《关于加强建筑工人职业培训工作的指导意见》[建人(2015)43号]、住房和城乡建设部办公厅《关于建筑工人职业培训合格证有关事项的通知》[建办人(2015)34号]等相关文件,对全面提高工人职业操作技能水平,以保证工程质量和安全生产做出了明确的要求。

根据住房和城乡建设部就加强建筑工人职业培训工作,做出的"到2020年,实现全行业建筑工人全员培训、持证上岗"具体规定,为更好地贯彻落实国家及行业主管部门相关文件精神和要求,全面做好建筑工人职业技能教育培训,由中国工程建设标准化协会建筑施工专业委员会、黑龙江省建设教育协会、新疆建设教育协会会同相关施工企业、培训单位等,组织了由建设行业专家学者、培训讲师、一线工程技术人员及具有丰富施工操作经验的工人和技师等组成的编审委员会,编写这套《建筑工人职业技能培训教材》。

本套丛书主要依据住房和城乡建设部、人力资源和社会保障部发布的《职业技能岗位鉴定规范》《中华人民共和国职业分类大典(2015年版)》《建筑工程施工职业技能标准》《建筑装饰装修职业技能标准》《建筑工程安装职业技能标准》等标准要求,以实现全面提高建设领域职工队伍整体素质,加快培养具有熟练操作技能的技术工人,尤其是加快提高建筑业农民工职业技能水平,保证建筑工程质量和安全,促进广大农民工就业为目标,重点抓住建筑工人现场施工操作技能和安全为核心进行编制,"量身订制"打造了一套适合不同文化层次的技术工人和读者需要的技能培训教材。

本套教材系统、全面地介绍了各工种相关专业基础知识、操作技能、安全知识等,同时涵盖了先进、成熟、实用的建筑工程施工技术,还包括了现代新材料、新技术、新工艺和环境、职业健康安全、节能环保等方面的知识,力求做到了技术内容最新、最实用,文字通俗易懂,语言生动简洁,辅以大量直观的图表,非常适合不同层次水平、不同年龄的建筑工人职业技能培训和实际施工操作应用。

丛书共包括了"建筑工程"、"装饰装修工程"、"安装工程"3大系列以及《建筑工人现场施工安全读本》,共25个分册:

一、"建筑工程"系列,包括8个分册,分别是:《砌筑工》《钢筋工》《架子工》《混凝土工》《模板工》《防水工》《木工》和《测量放线工》。

二、"装饰装修工程"系列,包括8个分册,分别是:《抹灰工》《油漆工》《镶贴工》《涂裱工》《装饰装修木工》《幕墙安装工》《幕墙制作工》和《金属工》。

三、"安装工程"系列,包括8个分册,分别是:《通风工》《安装起重工》《安装钳工》《电气设备安装调试工》《管道工》《建筑电工》《中小型建筑机械操作工》和《电焊工》。

本书根据"金属工"工种职业操作技能,结合在建筑工程中实际的应用,针对建筑工程施工材料、机具、施工工艺、质量要求、安全操作技术等做了具体、详细的阐述。本书内容包括装饰施工图的识读,金属工常用装饰装修材料,金属工常用设备与机具,门窗制作与安装,吊顶与隔墙、隔断安装,金属饰面板安装,细部工程施工,金属工岗位安全常识,相关法律法规及务工常识。

本书对于加强建筑工人培训工作,全面提升建筑工人操作技能水平具有很好的应用价值和极大的帮助,不仅极大地提高工人操作技能水平和职业安全水平,更对保证建筑工程施工质量,促进建筑安装工程施工新技术、新工艺、新材料的推广与应用都有很好的推动作用。

由于时间限制,以及编者水平有限,本书难免有疏漏和谬误之处,欢迎广大读者批评指正,以便本丛书再版时修订。

编　者

2016 年 9 月　北京

中国建材工业出版社
China Building Materials Press

我 们 提 供

图书出版、图书广告宣传、企业/个人定向出版、设计业务、企业内刊等外包、代选代购图书、团体用书、会议、培训，其他深度合作等优质高效服务。

编 辑 部
010-88386119

出版咨询
010-68343948

市场销售
010-68001605

门市销售
010-88386906

邮箱：jccbs-zbs@163.com   网址：www.jccbs.com

发展出版传媒   服务经济建设

传播科技进步   满足社会需求

目录 CONTENTS

第1部分　金属工岗位基础知识

一、装饰施工图的识读

1. 识读装饰施工图的方法

装饰施工图是以建筑施工图为基础,应用投影视图的基本原理,表达装饰对象室内外各部位设置形式及其相互关系、装饰结构、装饰造型及饰面处理要求的一组视图,主要包括:装饰平面图、装饰立面图、顶棚装饰平面图、装饰剖面图与构造节点图、装饰详图等。

识读图纸的方法是:四看,四对照,二化一抓,一坚持。具体说明如下。

(1)四看。

"四看"就是由外向里看、由大到小看、由粗到细看、由建筑结构到设备专业看。也即:先查看图纸目录和设计说明,通过图纸目录看各专业施工图纸有多少张,图纸是否齐全,看设计说明,对工程在设计和施工要求方面有一概括了解;按整套图纸目录顺序粗读一遍,对整个工程在头脑中形成概念,如工程地点、规模、周围环境、结构类型、装饰装修特点和关键部位等;按专业次序深入细致地识读基本图;读详图。

(2)四对照。

"四对照"就是平立剖面、几个专业、基本图与详图、图样与说明对照看。也即:看立面图和剖面图时必须对照平面图才能理解图面内容；一个工程的几个专业之间是存在着联系的，主体结构是房屋的骨架，装饰装修材料、设备专业的管线都要依附在这个骨架上，看过几个专业的图纸就要在头脑中树立起以这个骨架为核心的房屋整体形象，如想到一面墙就能想到它内部的管线和表面的装饰装修，也就是将几张各专业的图纸在头脑中合成一张，这样也会发现几个专业功能上或占位的矛盾；详图是基本图的细化，说明是图样的补充，只有反复对照识读才能加深理解。

（3）二化一抓、一坚持。

"二化一抓、一坚持"就是化整为零、化繁为简、抓纲带目、坚持程序。也即：当面对一张线条错综复杂、文字密密麻麻的图纸时，必须有化繁为简和抓住主要的办法，首先应将图纸分区分块，集中精力一块一块识读；按项目，集中精力一项一项地识读，坚持这样的程序读任何复杂的图纸都会变得简单，也不会漏项；"抓纲带目"就是识读图纸必须抓住图纸要交代的主要问题，如一张详图要表明两个构件的连接，那么这两个构件就是这张图的主体，连接是主题，一些螺栓连接、焊接等是实现连接的方法，读图时先看这两个构件，再看螺栓、焊缝。

◗ 2. 装饰平面图识读

装饰平面图可以看成是对装饰建筑对象在高于窗台上表面处的水平剖视。平面图中对原建筑结构用粗线表示，家具、家电及其他陈设物品按规定符号用细线画出，必要时可加画阴影。

（1）装饰平面图的主要内容。

①表明家具及其他装饰设施的位置、数量、规格和要求及其与建筑结构之间的相互关系。

②表明装饰对象空间的平面形状与尺寸及其相互关系。

③表明装饰项目的轮廓、尺寸、位置及其与建筑结构的相互关系,以及楼(地)面等饰面材料和工艺要求。

④表明与其他相关视图的投影及编号关系。

⑤表明各剖面图的剖切位置、详图及通用配件的位置与编号。

⑥表明门窗的位置、尺寸和开启方向。

⑦表明台阶、踏步、阳台及其他设施和装饰物品的位置、尺寸和平面轮廓。

(2)装饰平面图的识读。

①识读平面图时,首先看标题栏、注解及文字说明,弄清图名、比例等内容。

②从入口门厅开始,逐次查看建筑物的平面形状、内部布置,总长、总宽及细部尺寸,室内家具、设备的位置、种类和数量。

③根据平面图上的投影符号、剖切符号,明确投影方向和剖切位置,相互对照查看相应的立面图、剖面图或详图。

④识图时注意区分建筑尺寸和装饰尺寸,明确装饰构造、装饰材料与建筑主体结构相互之间的连接固定方式。

⑤通过各种图例、符号、文字标注和引出线,了解各种饰面材料的种类、规格和色彩要求,明确各饰面材料之间的衔接关系。

3. 装饰立面图识读

装饰立面图主要表现某一方向墙面的观赏外观及墙面装饰施工做法,是墙面装饰施工的依据,见图1-1。

(1)装饰立面图表达的主要内容。

①立面图上标明了装饰立面、顶棚等相关部位的高度尺寸。

②标注了装饰对象的隔墙、隔断、门窗及有关设备的高度、

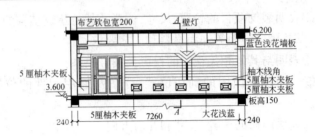

图 1-1　装饰立面图 1∶100

宽度和安装尺寸。

　　③标明了墙、柱等立面与吊顶的连接收口方式。

　　④注明了墙面、柱面、吊顶及各种艺术造型等部位的构造、选用材料、尺寸和施工工艺要求。

　　⑤反映了各部位装饰构造与建筑结构之间的连接方法及位置尺寸关系。

　　(2)装饰立面图的识读。

　　①识读装饰立面图时,注意与装饰平面图中各部位关系、位置尺寸及编号,一一对应,仔细分析。

　　②根据装饰平面图与装饰立面图之间的对应关系,确定立面图中各装饰面的位置及长、高尺寸。

　　③根据各立面图上的标注,掌握各装饰部位所用材料和施工工艺要求及各装饰面的造型方式、连接方法、工艺要求。

　　④注意各装饰面上的固定设施、设备的位置尺寸、连接方式和施工工艺。

　　⑤了解各种预埋件、紧固件的种类、数量,并分析其连接、紧固的合理性和科学性。

4. 顶棚装饰平面图识读

　　顶棚旧称天花、天棚或吊顶,是装饰工程的重要组成部分,平面图的内容和识读要点如下。

（1）顶棚装饰平面图的内容。

①顶棚造型，灯具布置的形式、位置及其尺寸关系。装饰材料的种类与要求。

②与顶棚有关的消防、音响、空调送风口等设施的位置及尺寸关系。

③剖面图、详图的剖切位置、剖视方向及其编号等。

（2）顶棚装饰平面图的识读。

①根据顶棚造型特点，确定顶棚构造、灯具等各相关部位的尺寸。

②各种顶棚材料的规格、色彩要求。

③对照剖面图、详图及其他有关视图，了解顶棚细部结构。

5. 装饰剖面图与构造节点图

装饰剖面图是将房屋建筑主要构造部位剖开，可以看到顶棚、墙面、地面的细部构造。图中用粗线画出剖切部位，用细线画出投影部分，见图 1-2、图 1-3。

（1）装饰剖面图与构造节点图的内容。

①明确装饰造型、装饰面的材料组成、构造形式、相互之间的连接方式及其与主体建筑的关系。

②表明重要装饰构造的尺寸关系、连接方式、材料要求及重要部位的装饰构、配件的尺寸位置关系和工艺要点。

③标明饰面收口、封边、盖缝、嵌条的尺寸要求和工艺要点。

④反映饰面上的灯具、音响、消防、通风等设备及其他组成部分的安装工艺要求。

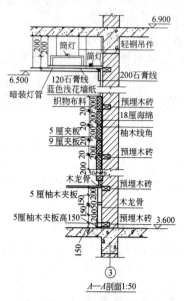

图 1-2　局部剖面图

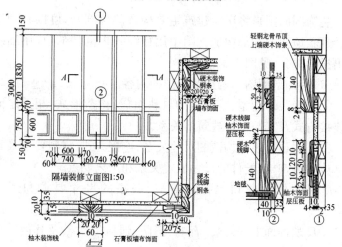

图 1-3　墙面装修构造详图

（2）装饰剖面图与构造节点图的识读。

①根据剖切符号和节点编号，明确剖面图和节点图的剖切位置。

与相关平面图、立面图一一对照，了解剖面图和节点图的结构、材料及其与其他部位的连接关系。

②剖面图和节点图上表达的各种尺寸、位置关系，对确保装饰工程质量至关重要，施工前后一定要仔细核对，严格按要求操作。

6.装饰详图识读

为了满足工程施工的需要，通常对装饰工程中某些装饰构造的局部细节单独绘制成较大比例的施工图，如 1∶20、1∶10、1∶5、1∶1 的大样图，这种施工图称为装饰详图。装饰详图的特点是比例大、尺寸标注齐全、文字说明清晰，是装饰施工中平面图、立面图、剖视图不可缺少的补充。

装饰详图的内容和特点与剖面图和节点图类似。因此，其识读方法也与剖面图和节点图相同。

（1）常用建筑装饰材料图例。

在建筑装饰工程中，常用建筑装饰材料按表 1-1 中图例表示。对图例中未包括的材料，可自编图例，但注意不能与表中图例重复，并应在视图适当位置画出该材料图例并加以说明。

表 1-1　　　　　　　　常用建筑材料图例

序号	名称	图例	备注
1	自然土壤		包括各种自然土壤
2	夯实土壤		

序号	名称	图例	备注
3	砂、灰尘		靠近轮廓线绘较密的点
4	砂砾石、碎砖、三合土		
5	石材		
6	毛石		
7	普通砖		包括实心砖、多孔砖、砌块等砌体。断面较窄不易绘出图例线时,可涂红
8	耐火砖		包括耐酸砖等砌体
9	空心砖		指非承重砖砌体
10	饰面砖		包括铺地砖、马赛克、陶瓷锦砖、人造大理石等
11	焦渣、矿渣		包括与水泥、石灰等混合而成的材料
12	混凝土		(1)本图例指能承重的混凝土及钢筋混凝土; (2)包括各种强度等级、骨料、添加剂的混凝土; (3)在剖面图上画出钢筋时,不画图例线; (4)断面图形小,不易画出图例线时,可涂黑
13	钢筋混凝土		
14	多孔材料		包括水泥珍珠岩、沥青珍珠岩、泡沫混凝土、非承重加气混凝土、软木、蛭石制品等
15	纤维材料		包括矿棉、岩棉、玻璃棉、麻丝、木丝板、纤维板等

续表

序号	名称	图例	备注
16	泡沫塑料材料		包括聚苯乙烯、聚乙烯、聚氨酯等多孔聚合物类材料
17	木材		(1)上图为横断面,上左图可分别表示垫木、木砖或木龙骨; (2)下图为纵断面
18	胶合板		应注明为×层胶合板
19	石膏板		包括圆孔、方孔石膏板,防水石膏板等
20	金属		(1)包括各种金属; (2)图形小时,可涂黑
21	网状材料		(1)包括金属、塑料网状材料; (2)应注明具体材料名称
22	液体		应注明具体液体名称
23	玻璃		包括平板玻璃、磨砂玻璃、夹丝玻璃、钢化玻璃、中空玻璃、加层玻璃、镀膜玻璃等
24	橡胶		
25	塑料		包括各种软、硬塑料及有机玻璃等
26	防水材料		构造层次多或比例大时,采用上面图例
27	粉刷		本图例采用较稀的点

(2)常见建筑构造与配件图例。

《建筑制图标准》(GB/T 50104—2010)中对建筑构造与配件图例做了规定,由于建筑构造与配件图例较多,现仅将部分图例摘录(表1-2),供读者参考。

表 1-2　　　　　　　　建筑构造与配件常用图例

序号	名称	图例	备注
1	平面高差		适用于高差小于100mm的两个地面或楼面相接处
2	孔洞		阴影部分可以涂色代表
3	坑槽		
4	新建的墙和窗		(1)本图以小型砌块为图例,绘图时应按所用材料的图例绘制,不宜以图例绘制的,可在墙面上以文字或代号注明; (2)小比例绘图时,平、剖面窗线可用单粗实线表示
5	改建时保留的原有墙和窗		
6	在原有墙或楼板上新开的洞		
7	单扇双面弹簧门		

续表

序号	名称	图例	备注
8	双扇双面弹簧门		（1）门的名称代号用 M； （2）图例中剖面图左为外、右为内，平面图下为外、上为内； （3）立面图上开启方向线交角的一侧为安装合页的一侧，实线为外开，虚线为内开； （4）平面图上门线应 90°或 45°开启，开启弧线应绘出； （5）立面图上的开启线在一般设计图中可不表示，在详图及室内设计图上应表示； （6）立面形式应按实际情况绘制
9	单扇内外开双层门（包括平开或单面弹簧门）		
10	双扇内外开双层门（包括平开或单面弹簧门）		
11	单扇门（包括平开或单面弹簧门）		
12	双扇门（包括平开或单面弹簧门）		
13	墙中双扇推拉门		（1）门的名称代号用 M； （2）图例中剖面图左为外、右为内，平面图下为外、上为内； （3）立面形式应按实际情况绘制

续表

序号	名称	图例	备注
14	墙外单扇推拉门		(1)门的名称代号用M； (2)图例中剖面图左为外、右为内，平面图下为外、上为内； (3)立面形式应按实际情况绘制
15	墙外双扇推拉门		(1)门的名称代号用M； (2)图例中剖面图左为外、右为内，平面图下为外、上为内； (3)立面形式应按实际情况绘制
16	单层外开平开窗		(1)窗的名称代号用C表示； (2)立面图中的斜线表示窗的开启方向，实线为外开，虚线为内开；开方向线交角的一侧为安装合页的一侧，一般设计图中可不表示； (3)图例中，剖面图所示左为外、右为内，平面图所示下为外、上为内； (4)平面图和剖面图上的虚线仅说明开关方式，在设计图中不需表示； (5)窗的立面形式应按实际绘制； (6)绘小比例图时，平、剖面的窗线可用单粗实线表示
17	单层内开平开窗		
18	双层内外开平开窗		
19	推拉窗		(1)窗的名称代号用C表示； (2)图例中，剖面图所示左为外、右为内，平面图所示下为外、上为内； (3)窗的立面形式应按实际绘制； (4)绘小比例图时，平、剖面的窗线可用单粗实线表示

7. 符号

(1)剖切符号。

①剖视的剖切符号由剖切位置线及投射方向线组成,均应以粗实线绘制(图1-4)。

②断面的剖切符号只用剖切位置线表示,用粗实线绘制。编号所在的一侧应为该断面剖视方向(图1-5)。

图1-4　剖视的剖切符号图　　　图1-5　断面剖切符号

(2)索引符号与详图符号。

①图样中的某一局部或构件,如需另见详图,应以索引符号索引。其表示方法见图1-6。

图1-6　索引符号

②索引符号如用于索引剖面详图,应在被剖切的部位绘制剖切位置线,并以引出线引出索引符号,引出线所在的一侧应为投射方向(图1-7)。

③详图的位置和编号,应以详图符号表示(图1-8~图1-11)。

(3)定位轴线。

平面图上的定位轴线编号,宜标注在图样的下方与左侧。

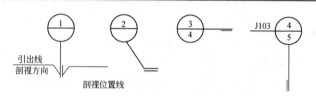

图 1-7　用于索引剖面详图的索引符号

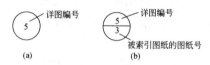

图 1-8　详图符号

(a)与被索引图样同在一张图纸内的详图符号；

(b)与被索引图样不在同一张图纸内的详图符号

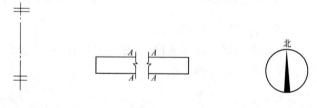

图 1-9　对称符号　　**图 1-10　连接符号**　　**图 1-11　指北针**

A—连接编号

横向编号应用阿拉伯数字从左至右顺序编写,竖向编号应用大写拉丁字母从下至上顺序编写(图 1-12)。

附加轴线的编号应以分数表示,如:

$\frac{1}{2}$ 表示 2 号轴线之后附加的第一根轴线;

$\frac{3}{C}$ 表示 C 号轴线之后附加的第三根轴线。

1 号轴线或 A 号轴线之前的附加轴线的分母应以 01 或 0A

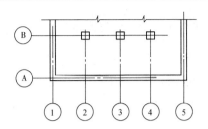

图 1-12　定位轴线的编号顺序

表示,如:

$\dfrac{1}{01}$表示 1 号轴线之前附加的第一根轴线;

$\dfrac{3}{0A}$表示 A 号轴线之前附加的第三根轴线。

(4)内视符号。

为表示室内立面图在平面图上的位置,应在平面图上用内视符号注明内视位置、方向及立面编号(图 1-13)。立面编号用拉丁字母或阿拉伯数字。内视符号应用见图 1-13 及图 1-14。

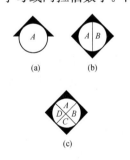

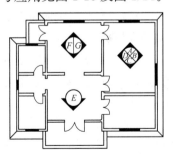

图 1-13　内视符号

(a)单面内视符号;(b)双面内视符号;

(c)四面内视符号

图 1-14　平面图上内视符号应用示例

二、金属工常用装饰装修材料

装饰装修材料以其独特的光泽与色彩、庄重华贵的外形、经久耐用等特点,在建筑装饰工程中被广泛应用。常用的建筑装饰材料有钢材、铝合金型材、塑料型材、铝板、铝塑复板、五金零配件等。

◗　1. 建筑装饰钢材

钢材是建筑装饰工程中应用最广泛、最重要的建筑装饰材料之一。钢材的优点和优良的特性主要表现在以下几个方面:一是材质比较均匀,性能比较可靠;二是具有较高的强度和较好的塑性和韧性,可承受各种性质的荷载;三是具有优良的可加工性,可制成各种型材;四是可按照设计制成各种形状,具有较好的可塑性。

目前,建筑装饰工程中常用的钢材制品种类很多,主要有不锈钢钢板与钢管、彩色不锈钢板、彩色涂层钢板、彩色压型钢板、镀锌钢卷帘门及轻钢龙骨等。

(1)普通不锈钢。

不锈钢就是在钢中掺加铬合金的一种合金钢,钢中的铬含量越高,钢的抗腐蚀性能越好。不锈钢中除含有铬外,还含有镍、锰、钛、硅等元素。

普通不锈钢按其化学成分不同,可分为铬不锈钢、铬镍不锈钢和高锰低铬不锈钢等。我国生产的普通不锈钢产品已达 40 多个品种,在建筑装饰工程所用的普通不锈钢制品主要是不锈钢型材和不锈钢薄钢板。

①不锈钢型材。不锈钢型材有圆管、方管、矩形管及异型材等。不锈钢型材主要适用于建筑装饰、门窗、厨房设备、卫生间、

高档家具、商店柜台和医药、食品、酿造设备等。

②不锈钢薄钢板。不锈钢薄钢板是建筑装饰工程用量较大、用途较广的金属材料。主要适用于屋面、幕墙、门窗、内外墙装饰面等。目前,用普通不锈钢薄钢板包柱,是一种新颖的具有很高观赏价值的建筑装饰手法,在国内外发展非常迅速。

（2）不锈钢装饰板。

不锈钢装饰板是在普通不锈钢钢板的基面上,通过进行艺术性和技术性的精心加工,使其表面上成为具有各种绚丽色彩的不锈钢装饰板。其颜色有蓝、灰、紫、红、青、绿、橙、茶色、金黄等多种,能满足各种装饰的要求。

不锈钢装饰板的用途很广泛,可用于厅堂墙板、顶棚板、电梯厢板、车厢板、建筑装潢、广告招牌等装饰之用。采用彩色不锈钢钢板装饰墙面,不仅坚固耐用、美观新颖,而且具有浓厚的时代气息。

不锈钢装饰板是近年来广泛使用的一种新型装饰材料,而且还在不断发展、创新。其主要品种有镜面不锈钢板（又名不锈钢镜面板、镜钢板）、彩色不锈钢板、彩色不锈钢镜面板、钛金不锈钢装饰板等。

①不锈钢镜面板。不锈钢镜面板是以不锈钢薄板经特殊抛光处理加工而成,适用于高级宾馆、饭店、影剧院、舞厅、会堂、机场候机楼、车站码头、艺术馆、办公楼、商场及民用建筑的室内外墙面、柱面、檐口、门面、顶棚、装饰面、门贴脸等处的装饰贴面。

②彩色不锈钢板。彩色不锈钢板是在普通不锈钢板上,通过独特的工艺配方,使其表面产生一层透明的转化膜,光通过彩色膜的折射和反射,产生物理光学效应,在不同的光线下,从不同角度观察,给人以奇妙、变幻之感。彩色不锈钢板有玫瑰红、玫瑰紫、宝石蓝、天蓝、深蓝、翠绿、荷绿、茶色、青铜、金黄等色及

各种图案,用途同不锈钢镜面板。

③钛金不锈钢装饰板。钛金不锈钢装饰板是近几年出现的一种彩色不锈钢钢板,它是通过多弧离子镀膜设备,把氮化钛、掺金离子镀金复合涂层镀在不锈钢板、不锈钢镜面板上而制造出的豪华装饰板。其主要产品有钛金板、钛金镜面板、钛金刻花板、钛金不锈钢覆面墙地砖等。

钛金不锈钢装饰板多用于高档超豪华建筑,适用范围同不锈钢镜面板。其中,钛金不锈钢覆面墙地砖则专用于墙面、楼地面的装饰。

钛金不锈钢装饰板的产品性能应达到相应的标准。产品的规格平面尺寸一般为:1220mm×2440mm、1220mm×3048mm,其厚度有 0.6、0.7、0.8、0.9、1.0、1.2、1.5mm 等多种。

(3)彩色涂层钢板。

彩色涂层钢板是近 30 年迅速发展起来的一种新型钢预涂产品。涂装质量远比对成型金属表面进行单件喷涂或刷涂的质量更均匀、更稳定、更理想。它是以冷轧钢板、电镀锌钢板或热镀锌钢板为基板经过表面脱脂、磷化、铬酸盐等处理后,涂上有机涂料经烘烤而制成的产品,常简称为"彩涂板"或"彩板"。当基板为镀锌板时,被称为"彩色镀锌钢板"。

①彩色涂层钢板的类型。按彩色涂层钢板的结构不同,可分为涂装钢板、PVC 钢板、隔热涂装钢板、高耐久性涂层钢板等。

a.涂装钢板。涂装钢板是以镀锌钢板为基体,在其正面和背面都进行涂装,以保证它的耐腐蚀性。正面第一层为底漆,通常涂抹环氧底漆,因为它与金属的附着力很强。背面也涂有环氧或丙烯酸树脂,面层过去采用醇酸树脂,现在改为聚酯类涂料和丙烯酸树脂涂料。

　　b.PVC 钢板。PVC 钢板分为两种类型,一种是涂布 PVC 钢板;另一种是贴膜 PVC 钢板。PVC 表面涂层的主要缺点是易产生老化,在 PVC 表面再复合丙烯酸树脂的复合型 PVC 钢板改善这一缺点。

　　c.隔热涂装钢板。隔热涂装钢板是在彩色涂层钢板的背面贴上 15～17mm 的聚苯乙烯泡沫塑料或硬质聚氨酯泡沫塑料,以提高涂层钢板的隔热及隔声性能,现在我国已开始生产隔热涂装钢板这种产品。

　　d.高耐久性涂层钢板。高耐久性涂层钢板,由于采用耐老化性极好的氟塑料和丙烯酸树脂作为表面涂层,所以其具有极好的耐久性、耐腐蚀性。彩色涂层钢板的结构见图 1-15。

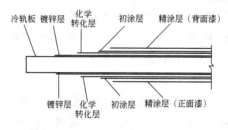

图 1-15　彩色涂层钢板的结构

　　②彩色涂层钢板的性能。彩色涂层钢板具有耐污染性能、耐高温性能、耐低温性能、耐沸水性能。彩色涂层钢板基材的化学成分和力学性能应符合相应标准的规定;涂层性能应符合有关规定。

　　③彩色涂层钢板的用途。彩色涂层钢板的用途十分广泛,不仅可以用作建筑外墙板、屋面板、护壁板等,而且还可以用作防水汽渗透板、排气管道、通风管道、耐腐蚀管道、电气设备等,也可以用作构件以及家具、汽车外壳等,是一种非常有发展前途的装饰性板材。

（4）覆塑复合金属板。

覆塑复合金属板是目前一种最新型的装饰性钢板。这种金属板是以 Q235、Q255 金属板（钢板或铝板）为基材，经双面化学处理，再在表面覆以厚 0.2～0.4mm 的软质或半软质聚氯乙烯膜，然后在塑料膜上贴保护膜，在背面涂背涂加工而成。它不仅被广泛用于交通运输或生活用品方面，如汽车外壳、家具等，而且适用于内外墙、顶棚、隔板、隔断、电梯间等处的装饰。覆塑复合钢板是一种多用装饰钢材。

（5）铝锌钢板及铝锌彩色钢板。

铝锌钢板又名镀铝锌钢板、镀铝锌压型钢板，主要适用于各种建筑物的墙面、屋面、檐口等处。

铝锌彩色钢板又名镀铝锌彩色钢板、镀铝锌压型彩色钢板。它是以冷轧压型钢板经铝锌合金涂料热浸处理后，再经烘烤涂装而成。其颜色有灰白、海蓝等多种，产品 20 年内不会脱裂或剥落。

铝锌钢板及铝锌彩色钢板的规格：厚度一般为 0.45、0.60mm；有效宽度为 975mm；最长不超过 12m。

（6）彩色压型钢板。

彩色压型钢板是以镀锌钢板为基材，经过成型机的轧制，并涂敷各种耐腐蚀性涂层与彩色烤漆而制成的轻型围护结构材料。这种钢板适用于工业与民用及公共建筑的屋盖、墙板及墙壁装贴等。

彩色压型钢板的常用板型见图 1-16。

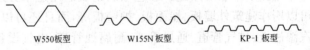

W550板型　　　　　　W155N板型　　　　　　KP-1板型

图 1-16　压型钢板的形式

(7)钢门帘板。

门帘板是钢卷帘门的主要构件。通常所用产品的厚度为1.5mm，展开宽度为130mm，每米帘板的理论质量为8.2kg，材质为优质碳素钢，表面镀锌处理。门帘板的横断面见图1-17。

图1-17　门帘板横断面图

钢门帘板不仅坚固耐久、整体性好，而且具有极好的装饰、美观作用，还具有良好的防盗性。这种钢材装饰材料，可以广泛用于商场、仓库及银行建筑的大门或橱窗设施。

(8)轻钢龙骨。

轻钢龙骨是目前装饰工程中最常用的顶棚和隔墙的骨架材料，是用镀锌钢板和薄钢板，经剪裁、冷弯、滚轧、冲压而成，是木骨架的换代产品。

①轻钢龙骨的特点和种类。轻钢龙骨具有自重轻、防火性能优良、抗震及冲击性能好、安全可靠以及施工效率高等特点，已普遍用于建筑内的装饰，大面积顶棚、隔墙的室内装饰，现代化厂房的室内装饰，防火要求较高的娱乐场所和办公楼的室内装饰。

轻钢龙骨按其产品类型可分为C形龙骨、U形龙骨和T形龙骨。C形龙骨主要来做隔墙，即在C形龙骨组成骨架后，两面再装配面板组成隔断墙；U形和T形龙骨主要用来做吊顶，即在U形和T形龙骨组成的骨架下，装配面板组成明架或暗架顶棚。

②隔墙轻钢龙骨。隔墙轻钢龙骨主要有Q50、Q75、Q100、Q150系列，Q75系列以下用于层高3.5m以下的隔墙，Q75系列以上用于层高3.5～6.0m的隔墙。

隔墙轻钢龙骨主件有沿顶、扫地龙骨、竖向龙骨、加强龙骨、通贯龙骨,配件有支撑卡、卡托、角托等。

隔墙轻钢龙骨主要适用于办公楼、饭店、医院、娱乐场所、影剧院的分隔墙和走廊隔墙,见图1-18所示。

③顶棚轻钢龙骨。轻钢龙骨顶棚按顶棚的承载能力可分为不上人顶棚和上人顶棚。不上人顶棚承受顶棚本身的重量,龙骨断面一般较小;上人顶棚不仅要承受自身的重量,还要承受人员走动的荷载,一般可以承受 $80\sim100\text{kg/m}^2$ 的集中荷载,常用于空间较大的影剧院、音乐厅、会议中心或有中央空调的顶棚工程。顶棚轻钢龙骨的主要规格有 D38、D50、D60 几种系列。轻钢龙骨顶棚主要用于饭店、办公楼、娱乐场所和医院等新建或改建工程中,见图1-19。

图1-18　隔墙龙骨示意图

1—横龙骨;2—竖龙骨;3—通撑龙骨;
4—角托;5—卡托;
6—通贯龙骨;7—支撑卡;
8—通贯龙骨连接件

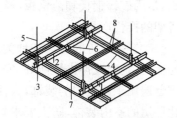

图1-19　吊顶龙骨示意图

1—承载龙骨连接件;2—承载龙骨;
3—吊件;4—覆面龙骨;5—吊杆;
6—挂件;7—覆面龙骨;8—挂插件

④烤漆龙骨。烤漆龙骨是最近几年发展起来的一个龙骨新品种,其产品新颖、颜色鲜艳、规格多样、强度较高、价格适宜,因此在室内顶棚装饰工程中被广泛采用。其中镀锌烤漆龙骨是与矿棉吸声板、钙维板等顶棚材料相搭配的新型龙骨材料。龙骨

结构组织紧密、牢固、稳定,具有防锈不变色和装饰效果好等优良性能。龙骨条的外露表面经过烤漆处理,可与顶棚板材的颜色相匹配。

烤漆龙骨与饰面板的顶棚尺寸固定(600mm × 600mm,600mm×1200mm),可以与灯具有效地结合,产生装饰的整体效果,同时拼装面板可以任意拆装,因此施工容易,维修方便,特别适用于大面积的顶棚装修(如工业厂房、医院、商场等),达到整洁、明亮、简洁的效果。烤漆龙骨有 A 系列、O 系列和凹槽型 3 种规格,各系列又分主龙骨、副龙骨和边龙骨 3 种。

2. 铝合金材料

目前,世界各工业发展国家在建筑装饰工程中大量采用了铝合金门窗、铝合金柜台、铝合金装饰板、铝合金吊顶等。近十几年来,铝合金更是突飞猛进发展,建筑业已成为铝合金的最大用户。

(1)铝合金型材。

①建筑装饰铝合金型材的生产。由于建筑装饰铝合金型材品种规格繁多,断面形状复杂,尺寸和表面要求严格,它和钢铁材料不同,在国内外的生产中,绝大多数采用挤压方法;当生产批量较大,尺寸和表面要求较低的中、小规格的棒材和断面形状简单的型材时,可以采用轧制方法。由此可见,建筑铝合金型材的生产方法,可分为挤压和轧制两大类,以挤压方法生产为主。

②建筑装饰铝合金表面处理。用铝合金制作的门窗,不仅自重轻,强度大,且经表面处理后,其耐磨性、耐蚀性、耐光性、耐气候性好,还可以得到不同的美观大方的色泽。常用的铝合金表面处理有:阳极氧化、表面着色处理。

③铝合金型材的性能。目前,我国生产的铝合金建筑装饰

型材约 300 多种,这些铝合金型材大多数用于建筑装饰工程。最常用的铝合金型材主要是铝镁硅系合金。

铝合金建筑装饰型材具有良好的耐蚀性能,在工业气候和海洋性气候下,未进行表面处理的铝合金的耐腐蚀能力优于其他合金材料,经过涂漆和氧化着色后,铝合金的耐蚀性更高。

建筑装饰型材铝合金属于中等强度变形铝合金,可以进行热处理(一般为淬火和人工时效)强化。铝合金具有良好的机械加工性能,可用氩弧焊进行焊接,合金制品经阳极氧化着色处理后,可着成各种装饰颜色。

(2)铝合金门窗。

铝合金门窗是将经表面处理的铝合金型材,经过下料、打孔、铣槽、攻丝、制窗等加工工艺而制成的门窗框料构件,然后再与连接件、密封件、开闭五金件一起组合装配而成。

①铝合金门窗的特点。铝合金门窗与其他材料(钢门窗、木门窗)相比,具有质量较轻、性能良好、色泽美观、耐腐蚀性强、维修方便、便于工业化生产等优点。

a. 质量较轻。众多工程实践充分证明,铝合金门窗用材较省、质量较轻,每 $1m^2$ 耗用铝型材质量平均只有 $8\sim12kg$(每 $1m^2$ 钢门窗耗用钢材质量平均为 $17\sim20kg$),较钢木门窗轻 50% 左右。

b. 性能良好。铝合金门窗较木门窗、钢门窗最突出的优点是密封性能好,其气密性、水密性、隔声性、隔热性都比普通门窗有显著的提高。在装设空调设备的建筑中,对防尘、隔声、保温、隔热有特殊要求的建筑,以及多台风、多暴雨、多风沙地区的建筑更宜采用铝合金门窗。

c. 色泽美观。铝合金门窗框料型材表面经过氧化着色处理,可着银白色、金黄色、古铜色、暗红色、黑色、天蓝色等柔和的颜色或带色的条纹;还可以在铝材表面涂装一层聚丙烯酸树脂保护装饰膜,表面光滑美观,便于和建筑物外观、自然环境以及各种使用要求相协调。铝合金门窗造型新颖大方,线条明快,色调柔和,增加了建筑物立面和内部的美观。

d.耐蚀性强、维修方便。铝合金门窗在使用过程中,既不需要涂漆,也不褪色、不脱落,表面不需要维修。铝合金门窗强度高,刚性好、坚固耐用,零件使用寿命长,开闭轻便灵活、无噪声,现场安装工作量较小,施工速度快。

e.便于工业化生产。铝合金门窗从框料型材加工、配套零件及密封件的制作,到门窗装配试验都可以在工厂内进行,并可以进行大批量工业化生产,有利于实现铝合金门窗产品设计标准化、产品系列化、零配件通用化,有利于实现门窗产品的商业化。

②合金门窗的种类。铝合金门窗的分类方法很多,按其用途不同进行分类,可分为铝合金窗和铝合金门两类。按开启形式不同进行分类,铝合金窗可分为固定窗、上悬窗、中悬窗、下悬窗、平开窗、滑撑平开窗、推拉窗和百叶窗等;铝合金门分为平开门、推拉门、地弹簧门、折叠门、旋转门和卷帘门等。

根据国家标准规定,各类铝合金门窗的代号见表1-3。

表1-3　　　　　　　　　各类铝合金门窗代号

门窗类型	代号	门窗类型	代号
平开铝合金窗	PLC	推拉铝合金窗	TLC
滑轴平开铝合金窗	HPLC	带纱推拉铝合金窗	ATLC
带纱平开铝合金窗	APLC	平开铝合金门	PL
固定铝合金窗	GLC	带纱平开铝合金门	SPLM
上悬铝合金窗	SLC	推拉铝合金门	TLM
中悬铝合金窗	CLC	带纱推拉铝合金订	STLM
下悬铝合金窗	XLC	铝合金地弹簧门	LIHM
立转铝合金窗	ILC	固定铝合金门	GLM

(3)阻热铝合金门窗型材。

当前世界能源问题越来越受到人们的重视,节能、可持续发展的要求促进了各种新材料和新构造方式的发展。由于铝材本身导热系数高,在阻热方面具有明显的缺陷,因此新型的阻热型铝合金门窗型材应运而生。

①型材阻热性的对比。型材阻热性能对比见表1-4。

表1-4　　　　　　　部分材料的导热系数对比表

阻热材料	断热胶	隔热条	PVC	铝
$K/(W/m \cdot ℃)$	0.134	0.140	0.140	217

②铝合金门窗的常用型号、规格。建筑装饰工程上所用铝合金门窗,应当根据设计的门窗尺寸进行制作。目前,生产铝合金门窗的厂家很多,生产的型号和规格更是五花八门,很不规范,质量差别很大。我国生产常用的定型铝合金门窗的型号、规格见表1-5。

表1-5　　　　　　　铝合金门窗的型号、规格

名称	型号或类别	洞口尺寸/mm	备注
固定窗	O型、Ⅱ型	宽最大 1800 高最大 600	(1)O型和Ⅱ型的材料断面不同; (2)供货包括密封胶条、小五金在内
平开窗		宽最大 1200 高最大 1800	(1)设双道密封条,适用于有空调要求的房间; (2)根据需要可配纱窗; (3)开启方式有两侧开启,中间固定;中间开启,两侧固定;两侧开启,上腰头固定三种
推拉窗	两扇推拉窗	宽最大 1800 高最大 2100	(1)设双道密封条,适用于有空调要求的房间; (2)可组合大腰带窗; (3)供货包括密封胶条、尼龙封条、滑轨、滑轮等在内
	四扇推拉窗	宽最大 3000 高最大 1800	

续表

名称	型号或类别	洞口尺寸/mm	备注
开平门		宽最大 900 高最大 2100	(1)设双道密封条、单方向开启,适用于有空调要求的房间; (2)供货包括密封胶条、锁、小五金在内
弹簧门		开启部分: 宽最大 1800 高最大 2100	(1)双扇对开、两侧单开和固定扇均可; (2)上腰头固定; (3)供货包括密封胶条、地弹簧、小五金在内
推拉门		根据用户要求加工	供货包括密封胶条、尼龙封条、锁、滑轨、滑轮在内

注:1. 面洞口尺寸可根据需要用基本窗进行组合。

2. 铝材表面着色为银白色、青铜色和古铜色三种,可根据用户需要着色。

(4)铝合金龙骨。

①铝合金龙骨的种类。铝合金龙骨材料是装饰工程中用量最大的一种龙骨材料,它是以铝合金材料加工成型的型材。其不仅具有质量轻、强度高、耐腐蚀、刚度大、易加工、装饰好等优良性能,而且具有配件齐全、产品系列化、设置灵活、拆卸方便、施工效率高等优点。

铝合金龙骨按断面形式不同,可分为 T 形铝合金龙骨、槽形铝合金龙骨、LT 形铝合金龙骨和圆形与 T 形结合的管形铝合金龙骨。装饰工程上常用的是 T 形铝合金龙骨,尤其是利用 T 形龙骨的表面光滑明净、美观大方,广泛应用龙骨底面外露或半露的活动式装配吊顶。

铝合金龙骨同轻钢龙骨一样,也有主龙骨和次龙骨,但其配件相对于轻钢龙骨较少。因此,铝合金龙骨也可常常与轻钢龙骨配合使用,即主龙骨采用轻钢龙骨,次龙骨和边龙骨采用铝合金龙骨。

按使用的部位不同,在装饰工程中常用的铝合金龙骨有铝合金吊顶龙骨、铝合金隔墙龙骨等。

②铝合金吊顶龙骨。采用铝合金材料制作的吊顶龙骨,具有质轻、高强、不锈、美观、抗震、安装方便、效率较高等优良特点,主要适用于室内吊顶装饰。铝合金吊顶龙骨的形状一般多为 T 形,可与板材组成 450mm×450mm、500mm×500mm、600mm×600mm 的方格,其不需要大幅面的吊顶板材,可灵活选用小规格吊顶材料。铝合金材料经过电氧化处理,光亮、不锈,色调柔和,非常美观大方。铝合金吊顶龙骨的规格和性能,见表 1-6。

表 1-6　　　　　　　铝合金吊顶龙骨的规格和性能

名称	铅龙骨	铝平吊顶筋	铝边龙骨	大龙骨	配件
规格/mm²	φ4 22 22 壁厚1.3	22 22 壁厚1.3	22 22 壁厚1.3	45 15 壁厚1.3	龙骨等的连接件及吊挂件
截面积/cm²	0.775	0.555	0.555		
单位质量/(kg/m)	0.210	0.150	0.150		
长度/m	3 或 0.6 的倍数	0.596	3 或 0.6 的倍数		
机械性能	抗拉强度 210MPa,延伸率 8%				

③铝合金隔墙龙骨。铝合金隔墙是用大方管、扁管、等边槽、连接角等 4 种铝合金型材做成墙体框架,用较厚的玻璃或其他材料做成墙体饰面的一种隔墙方式。4 种铝合金型材的规格见表 1-7。

铝合金隔墙的特点是:空间透视很好,制作比较简单,墙体结实牢固,占据空间较小。它主要适用于办公室的分隔、厂房的分隔和其他大空间的分隔。

表 1-7 铝合金隔墙型材的规格

序号	型材名称	外形截面尺寸长×宽/mm×mm	每1m质量/kg
1	大方管	76.2×44.45	0.894
2	扁管	76.2×25.4	0.661
3	等槽	12.7×12.7	0.100
4	等角	31.8×31.8	0.503

(5)铝合金装饰板。

铝合金装饰板属现代流行的建筑装饰材料,具有质量轻、不燃烧、耐久性好、施工方便、装饰华丽等优点,适用于公共建筑室内外的装饰饰面。目前产品规格有:开放式、封闭式、波浪式、重叠式和藻井式、内圆式、龟板式。颜色有银白色、古铜色、金黄色、茶色等。下面介绍几种常用铝合金装饰板。

①铝合金条型压型板。条形压型板又称扣板,其宽度为 $100\sim 200mm$,长度为 $2000\sim 3000mm$,铝合金板厚 $0.5\sim 1.5mm$,有银白、红、蓝等多种色彩。其安装固定是利用条板两侧压型、正咬口搭接、扣接或插接。

②铝合金波纹板。铝合金波纹板的性能与规格见表 1-8。

表 1-8 铝合金压型板规格

规格				性能指标				
波形	长度/mm	宽度/mm	厚度/mm	材质	抗拉强度/MPa	伸长率/%	弹性模量/MPa	线膨胀系数/(10^{-6}/℃)
W33—131	1700 3200	1088	0.7 0.8 0.9	纯铝 Y	≥14	≥3	7×10^4	24
V60—187.5	3200 6200	826	0.9 1.0 1.2	防锈铝 LF21Y	≥19	≥3	7×10^3	23.2

③铝合金装饰格子板。铝合金装饰格子板的性能与规格见表 1-9。

表 1-9　　　　　　　　铝合金装饰格子板的规格、性能

规格/mm	性能指标				
	材质	抗拉强度/MPa	伸长率/(%)	弹性模量/MPa	线膨胀系数/(10⁻⁶/℃)
275×410×0.8 415×600×0.8	纯铝 Y	≥14	≥3	7000	24
420×240×0.8 436×610×0.8 480×270×0.8	铝合金 LF21Y	≥19	≥3	7000	23.2

铝合金装饰格子板可以压成各种凹凸变形的形状和几何图案,既美观,又增加了板材的刚度,格子板形式见图 1-20 所示。

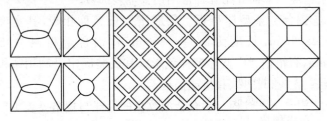

图 1-20　铝合金格子板图案

④铝合金花纹板。铝合金花纹板是采用防锈铝合金等坯料,用特制的花纹轧辊轧制而成。花纹图案有 1 号方格形花纹板、2 号扁豆形花纹板、3 号五条形花纹板、4 号三条形花纹板、5 号指针形花纹板、6 号菱形花纹板。它的花纹美观大方,筋高适中,不易磨损,防滑性能好,防蚀性能强,也便于冲洗。花纹板板材平整,裁剪尺寸准确,便于安装,广泛应用于现代建筑物墙面、车辆、船舶、飞机等工业防滑或装饰部位。

⑤铝质浅花纹板。铝质浅花纹板是优良的建筑装饰材料之一。它的花纹精巧别致,色泽美观大方,除具有普通铝板共有的优点外,刚度提高 20%;抗污垢、抗划伤、抗擦伤能力均有提高,尤其是增加了立体图案和美丽的色彩。它是我国所特有的建筑装饰材料。

铝合金浅花纹板对白光反射率达 75%～90%,热反射率达 85%～95%。在氨、硫、硫酸、磷酸、亚磷酸、浓硝酸、浓醋酸中耐蚀性良好。通过电解、电泳等表面处理后可得到不同色彩的浅花纹板。浅花纹板采用的铝合金坯料与花纹板相同。

⑥铝合金穿孔板。铝合金穿孔板是用各种铝合金平板经机械穿孔而成。孔形根据需要有圆孔、方孔、长圆孔、长方孔、三角孔、大小组合孔等。这是近年来开发的一种降低噪声并兼有装饰效果的新产品。

铝合金穿孔板具有材质轻、耐高温、耐高压、耐腐蚀、防火、防潮、防震、化学稳定性好、造型美观、色泽幽雅、立体感强等优点,可用于宾馆、饭店、剧场、影院、播音室等公共建筑和高级民用建筑中以改善音质条件,也可用于各类车间厂房、机房、人防地下室等作为降噪材料。

穿孔板规格、尺寸、允许偏差见表 1-10。

表 1-10　　　　　穿孔板规格、尺寸、允许偏差表

规格	范围/mm	允许偏差/mm	规格	允许偏差/mm
板底厚度	1.0～1.2	+0～0.16	孔径 $\phi6$	±0.10
宽度	492～592	+2～3	孔距 $\phi12$	±3.0
长度	492～512	+2～3	孔距 $\phi14$	±3.0

⑦方形吊顶板。方形吊顶板的结构特点见表 1-11。

表 1-11 方形吊顶板的结构特点

名称	结构特点
T16-40 暗龙骨铝吊顶板	铝吊顶板可直接插入暗式龙骨中,具有施工方便、不用螺钉的特点。金属吊顶板采用 0.5mm 薄铝板,经冷压成型后无光氧化处理。规格为 400mm×400mm,每块质量约 100 g。具有体轻、防火、图案清晰、色调柔和、不锈等特点
方形组合吊顶板	吊顶全部由金属制成的标准零件组成。具有零件标准化、施工装配化、安装拆卸方便、材料可重复使用等特点。面材由金属制成 600×600mm 的穿孔板,其吸音、通风、装饰效果好。上面放上隔热材料可起到隔热保温作用,具有金属屏蔽作用

⑧蜂巢结构铝幕墙板。这种蜂巢结构铝幕墙板内外表面层均为铝合金薄板,而中心层为铝箔、玻璃钢或纸蜂巢。这种板具有分格大、刚度强、平直、质轻(约 $38kg/m^2$,包括龙骨质量)、隔声、隔热、表面颜色多样、抗酸碱等特点。与玻璃幕墙配合使用效果更佳。

该产品的规格及承压强度:标准规格为 2400mm × 1180mm,最大规格可加工至 400mm×1200mm,厚度按设计风压负荷及巢芯材质而定,一般为 21mm。形状可加工成弧形或其他角度的产品。风压负荷为 1200 Pa 以内。

3. 塑料装饰板

塑料具有金属的坚硬性、木材的轻便性、玻璃的透明性、陶瓷的耐腐蚀性、橡胶的弹性和韧性等特点,已广泛应用于建筑行业。

塑料装饰板是以树脂材料为基料或浸渍材料经一定工艺制成的具有装饰功能的板材。塑料装饰板材重量轻,可以任意着色,可具有各种形状的断面和立面,用它装饰的外墙富有立体感,具有独特的建筑效果。另外,塑料护墙板或层面板可干法施工,施工轻便灵活,施工效率高。

塑料装饰板按其原料的不同可分为:塑料金属板、硬质聚氯乙烯建筑板材、玻璃钢板、三聚氰胺装饰层板、聚乙烯低发泡钙塑板、有机玻璃板、复合夹层板等。

按外形可分为:波形板主要用于屋面板和护墙板;异形板是具有异形断面的长条板板材,主要用作外墙护墙板;格子板是具有立体图案的方形或矩形板材,可用于装饰平顶和外墙;夹层板主要用于非承重墙和隔断墙。

(1)硬质聚氯乙烯建筑板材。

硬质聚氯乙烯板的耐老化性能好,具有自熄性;经改性的硬质聚氯乙烯抗冲击强度也能符合建筑上的要求。

作为护墙板或层面板,除各种建筑上的要求如隔热、防水、透光等外,还要求它们具有足够的刚性,能成为自身支撑的材料,能较简单地固定。同时,由于聚氯乙烯的热膨胀系数较大,除了从安装方法解决这一问题外,在板材断面结构设计上也应加以考虑。对护墙板这类材料来说,应尽可能用少量的材料达到足够的刚性,它才能与传统材料竞争。硬质聚氯乙烯板材具有三种形式,即波形板、异形板和格子板。

①硬质聚氯乙烯波形板。这种板材有两种基本结构。一种是纵向波形板,其宽度为 900～1300mm,长度没有限制,从运输的角度考虑,一般最长为 5m。另一种是横向波形板,宽度为 500～800mm,横向的波形尺寸较小,可以卷起来,每卷长为 10～30m。硬质聚氯乙烯波形板的波形尺寸一般与石棉水泥板、塑料金属板、玻璃钢的相同,必要时可与这些材料配合使用。

硬质聚氯乙烯波形板的厚度为 1.2～1.5mm,有透明和不透明两种。透明聚氯乙烯波形板的透光率为 75％～85％,不透明聚氯乙烯波形板可任意着色。

彩色硬质聚氯乙烯波形板可作外墙,特别是阳台栏板和窗间墙装饰,鲜艳的色彩可给建筑物的立面增色。透明聚氯乙烯横波板可以作为吊平顶使用,上面放灯可使整个平顶发光。纵波聚氯乙烯波形板长度不受限制,可以做成拱形屋面,中间没有接缝,水密性好,用作小型游泳池屋面尤为适宜。

②硬质聚氯乙烯异形板。这种异形板有两种基本结构。

一种是单层异形板,它有各种形状的断面,一般做成方形波,以增强立面上的线条,在它的两边可用钩槽或插入配合的形式使接缝看不出来。型材的一边有一个钩形的断面,另一边有槽形的断面,连接时钩形的一边嵌入槽内,中间有一段重叠区,这样既能达到水密的目的,又能遮盖接缝,使这种柔性的连接能充裕地适应型材横向的热伸缩。由于采用重叠连接的方式,这种异形板也称为波迭板。为适应板材的热伸缩,它的宽度不宜太大,一般为 100～200mm,长度虽没有限制,但由于运输的限制,最长为 6m,厚度为 1～1.2mm。

另一种是中空异形板材。它们之间的连接一般采用企口的形式。在型材的一边有凸出的肋,另一边有凹槽,其刚度远比单层异形板高。

硬质聚氯乙烯异型板的安装施工采用干法,完全用机械固定的方法,从而减少了现场的湿作业。它作为窗间墙、楼间墙的外墙装饰,具有独特的装饰效果。

硬质聚氯乙烯板材必须注意两个问题:①要充分考虑聚氯乙烯的热伸缩,可采用柔性固定的方法。格栅为镀锌型钢材,上面用一些卡子固定异形板,这样纵向可以自由伸缩,横向是插入式连接,可有充分伸缩余地。也可用螺钉或钉子将异型板固定在格栅上,但应注意异形板上的螺钉孔应开成椭圆形,钉子不要钉得太死,以便异形板在纵向上有伸缩余地。②还要考虑夹层通风。护墙板用格栅固定,格栅的材料可以用木材、轻金属。型钢格栅与墙体的连接要牢固可靠,对木材和型钢要采取防腐措施。格栅之间的距离由护墙板的尺寸和结构决定。在护墙板和墙体之间形成的空气夹层,它有助于提高墙体的隔热功能。但安装护墙板的格栅时,要防止空气夹层被阻断,否则潮气就无法上升、通过对流排出。对于异形板,格栅可以水平排布、垂直排布,无论怎么做都不会影响夹层通风。与格子板相比,格栅系统要简单得多,它施工速度较快,能形成表面有直线条的平顶。

③硬质聚氯乙烯格子板。格子板是用真空成型方法将硬质聚氯乙烯平板变为具有各种立体图案的方形或矩形的板材。经真空成型后,板材刚性提高,而且能吸收聚氯乙烯的热伸缩。用格子板装饰大型建筑的正立面,如体育场的入口、宾馆门厅进口等处的立面具有独特的建筑效果。

各种类型的格子板很容易用真空成型法加工。格子板尺寸一般为 500mm×500mm,也有更大尺寸的。一块板上有两个以上格子的为多格子板,厚度一般有 2～3mm。格子板之间的平面部分在雨天时作为泄水通道。

(2)玻璃钢建筑板材。

玻璃钢属塑料制品范畴,玻璃钢的成型方法简单,可制成具有各种断面的型材或格子板。它与硬质聚氯乙烯板材相比,其抗冲击性能、抗弯强度、刚性都较好;它的耐热性、耐老化性也较好,热伸缩较小;其透光性与聚氯乙烯相近且具有散射光的性能,作屋面采光板时,室内光线较柔和。玻璃钢板如果成型工艺控制不好,从外观上看其表面会显得粗糙不平。

①玻璃钢波形。玻璃钢波形板的形状尺寸与硬质聚氯乙烯波形板的相同,也可以与石棉水泥板等配合使用。目前国内生产的玻璃钢波形板大多为弧形板,中波板波距为 131mm,波

高为 33mm；小波板波距为 63.5mm，波高为 16mm，板长度为
1800～2400mm，板宽度为 720～745mm。

玻璃钢波形板有透明板、半透明板和不透明板几种，可着色，从
而达到装饰效果。

由于玻璃钢波形板的抗冲击性好、重量轻，它已广泛被用作
屋面板，尤其是作为采光屋面板。

②玻璃钢格子板。透明或半透明的玻璃钢拱形格子板常用
在大跨度的工业厂房上作屋面采光天窗。

③玻璃钢折板。玻璃钢折板是由不同角度的玻璃钢板构成
的构件。折板结构本身具有支撑能力，不需要框架或屋架。对
于小跨度的建筑使用这种折板，折板的厚度不大，但能承受较高
的负载。

折板结构是由许多 L 形的折板构件拼装而成，墙面和屋面
连成一片，使建筑物显得新颖别致，用它可建造小型建筑，如候
车亭、休息室等。

玻璃钢由于可以在室温下固化成型，不需加压，所以很容易
加工成较大的装饰板材，作为外墙装饰。

（3）复合夹层板。

前面论述的几种板材大多为单层结构，只能贴在墙上起围
护和装饰作用。复合夹层板则具装饰性和隔声、隔热等墙体功
能。用塑料与其他轻质材料复合制成的复合夹层墙板的重量
轻，是理想的轻板框架结构的墙体材料。

①玻璃钢蜂窝和折板结构。它的面板为玻璃钢平板。夹芯
层为蜂窝或折板，材料可以是纸或玻璃布等。

②泡沫塑料夹层板。它的面板为塑料金属板，它赋予板材
较高强度，起防水、围护和装饰作用。它可以是平板，但多数是
波形的，使立面有立体感和线条感。它的芯材为泡沫塑料，目前

常用的是聚氨酯硬泡沫,具有密度小、隔热隔声性能好、可以在生产时现场发泡等特点,同时可与板面粘结。

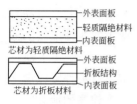

图 1-21 夹层板结构

这种复合夹层板是很好的墙体材料,既有优良的保温隔热性能,在热带和寒冷地区使用均适宜,又有很好的装饰效果,图 1-21 为夹层板结构。

4. 金属连接材料

(1)常用室内装修小五金连接材料。

室内装修小五金连接材料的种类很多,常用的有圆钉、木螺钉、自攻螺钉、射钉、螺栓等。

①圆钉类。

a.圆钉。是一种极其普通而常用的小五金连接材料,主要用于木质结构的连接。

b.麻花钉。钉身有麻花花纹,钉着力特别强,适用于需要钉着力强的地方,如家具的抽斗部位、木质天花吊杆等。

c.拼钉。又称榄形钉或枣核钉,外形为两头呈尖锥状,主要适于木板拼合时作销钉用。

d.水泥钢钉。采用优质钢材制造而成,其具有坚硬、抗弯等优良性能,可用锤头等工具直接钉入低强度的混凝土、水泥砂浆和砖墙,适用于建筑、安装行业等的装修。

②木螺钉。木螺钉按其用途不同,可分为沉头木螺钉、半沉头木螺钉、半圆头木螺钉等。

a.沉头木螺钉。又称平头木螺钉,适用于要求紧固后钉头不露出制品表面之用。

b.半圆头木螺钉。半圆木螺钉顶端为半圆形,该钉拧紧后不易陷入制品里面,钉头底部平面积较大,强度比较高,适用于要求钉头强度高的地方,如木结构棚顶钉固铁蒙皮之用。

　　c.半沉头木螺钉。半沉头木螺钉形状与沉头木螺钉相似,但该钉被拧紧以后,钉头略微露出制品的表面,适用于要求钉头强度较高的地方。

　　③自攻螺钉。自攻螺钉的钉身螺牙齿比较深,螺距宽、硬度高,可直接在钻孔内攻出螺牙齿,可减少一道攻丝工序,提高工效,适用于装饰的软金属板、薄铁板构件的连接固定之用,其价格比较便宜,常用于铝合金门窗的制作中。

　　④射钉。射钉系列射钉器(枪)击发射钉弹,使火药产生燃烧,释放出一定能量,把射钉钉入混凝土、砖砌体、钢铁上,将需要固定的物体固定上去。射钉紧固技术与人工凿孔、钻孔紧固等施工方法相比,既牢固又经济,并且大大减轻了劳动强度,适用于室内外装修、安装施工。射钉有各种型号,可根据不同的用途选择使用。

　　根据射钉的长短和射入深度的要求,可选用不同威力的射钉弹。

　　⑤螺栓。装修工程用的螺栓分为塑料和金属两种,常用的是金属螺栓,可以代替预埋螺栓使用。

　　a.塑料胀锚螺栓。塑料胀锚螺栓系用聚乙烯、聚丙烯塑料制造,用木螺钉旋入塑料螺栓内,使其膨胀压紧钻孔壁而锚固物体。它适用于锚固各种拉力不大的物体。

　　b.金属胀锚螺栓。金属胀锚螺栓又称拉爆螺栓,使用时将螺栓塞入钻孔内,施紧螺母拉紧带锥形的螺栓杆,使套管膨胀压紧钻孔壁而锚固物体。这种螺栓锚固力很强,适用于各种墙面、地面锚固建筑配件和物体。

　　⑥铆钉。铆钉是建筑装饰工程中最常用的连接件,其品种

规格非常多,主要品种有:开口型抽芯铆钉、封闭型开口铆钉、双鼓型抽芯铆钉、沟槽型抽芯铆钉、环槽铆钉和击芯铆钉。

a. 开口型抽芯铆钉。开口型抽芯铆钉是一种单面铆接的新颖紧固件。各种不同材质的铆钉能适应不同强度的铆接,广泛适用于各个紧固领域。开口型抽芯铆钉具有操作方便、效率较高、噪声较低等优点。

b. 封闭型抽芯铆钉。封闭型抽芯铆钉也是一种单面铆接的新颖紧固件。不同材质的铆钉,适用于不同场合的铆接,广泛用于客车、航空、机械制造、建筑工程等。

c. 双鼓型抽芯铆钉。双鼓型抽芯铆是一种盲面铆接的新颖紧固件。这种铆钉具有对薄壁构件进行铆接不松动、不变形等优良特点,铆接完毕后两端均呈鼓形,由此称为双鼓型抽芯铆钉,广泛应用于各种铆接领域。

d. 沟槽型抽芯铆钉。沟槽型抽芯铆钉也是一种盲面铆接的新颖紧固件,适用于硬质纤维、胶合板、玻璃纤维、塑料、石棉板、木材等非金属构件的铆接。它与其他铆钉的区别在于表面带槽形,在盲孔内膨胀后,沟槽嵌入被铆构件的孔壁内,从而起到铆接作用。

e. 环槽铆钉。环槽铆钉为一种新颖的紧固件,采用优质碳素结构钢制成,机械强度高,其最大的特点是抗震性好,能广泛用于各种车辆、船舶、航空、电子工业、建筑工程、机械制造等紧固领域。铆接时必须采用专用拉铆工具,先将铆钉放入钻好孔的工件内,套上套杆,铆钉尾部插入拉铆枪内,枪头顶住套环,在力的作用下,套环逐渐变形,直至钉子尾部在槽口断裂,拉铆工序完成。这种铆钉操作方便、生产效率高、噪声较低、铆接牢固。

f. 击芯铆钉。击芯铆钉是一种单面铆接的紧固件,广泛用于各种客车、航空、船舶、机械制造、电信器材、铁木家具等紧固领域。铆接时,将铆钉放入钻好的工件内,用手锤敲击钉芯至帽檐端面,钉芯敲入后,铆钉的另一端即刻朝外翻成四瓣,将工件紧固。操作简单、效率较高、噪声较低。

(2)电焊条。

钢结构除用螺栓连接和铆钉连接外,焊条电弧焊是最常用的连接方法。一般焊条电弧焊所使用的焊条为普通电焊条,由焊芯和药皮(涂料)两部分组成。焊芯起导电和填充焊缝的作用,药皮则用于保证焊接顺利进行,并使焊缝具有一定的化学成分和力学性能。在建筑装饰工程中,最常用的电焊条是焊接结构钢的焊条。

①电焊条的组成。

a. 焊芯。焊芯是组成焊缝金属的主要材料。它的化学成分和非金属夹杂物的多少,将直接影响着焊缝的质量。因此,结构钢焊条的焊芯应符合《熔化焊用钢丝》(GB/T 14957)和《气体保护焊用钢丝》(GB/T 14958)的要求。

焊芯具有较低的含碳量和一定的含锰量,含硅量控制较严,硫、磷的含量则控制更严。焊芯牌号中带"A"字母者,其硫、磷的含量均不能超过 0.03%。焊芯的直径即称为焊条的直径,我国生产的电焊条最小直径为 1.6mm,最大为8mm,其中以3.2～5mm的电焊条应用最广。

b. 药皮。焊条药皮在焊接过程中的主要作用是提高电弧燃烧的稳定性,防止空气对熔化金属的有害作用,对熔池脱氧和加入元素,以保证焊缝金属的化学成分和力学性能。

②焊条的种类、型号和牌号。焊接的应用范围越来越广泛,为适应各个行业的需求,使各种材料可达到不同性能要求,焊条的种类和型号非常多。我国将焊条按化学成分划分为七大类,即碳钢焊条、低合金钢焊条、不锈钢焊条、堆焊焊条、铸铁焊条及

焊丝、铝及铝合金焊条、铜及铜合金焊条等。其中应用最多的是碳钢焊条和低合金钢焊条。

焊条型号是国家标准中代号。碳钢焊条型号见《非合金钢及细晶粒钢焊条》(GB/T 5117—2012),如E4303、E5015、E5016等。"E"表示焊条;前两位数字表示焊缝金属的抗拉强度等级;第三位数字表示焊条的焊接位置。"0"及"1"表示焊条适用于全位置焊接(平、立、仰、横),"2"表示焊条适用于平焊及平角焊,"4"表示焊条适用于向下立焊;第三位和第四位数字组合时表示焊接电流种类及药皮类型,如"03"为钛钙型药皮,交流或直流正、反接,"15"为低氢钠型药皮,直流反接,"16"为低氢钾型药皮,交流或直流反接。低合金钢焊条型号中的四位数字之后,还标出附加合金元素的化学成分。

焊条牌号是焊条行业统一的焊条代号。焊条牌号一般用一个大写拼音字母和三个数字表示,如J422、J507等。拼音字母表示焊条的大类,如"J"表示结构钢焊条(碳钢焊条和普通低合金钢焊条),"A"表示奥氏体不锈钢焊条,"Z"表示铸铁焊条等;前两位数字表示各大类中的若干小类,如结构钢焊条前两位数字表示焊缝金属抗拉强度等级,其等级有42、50、55、60、70、75、80等,分别表示其焊缝金属的抗拉强度大于或等于420、500、550、600、700、750、800MPa;最后一个数字表示药皮类型和电流种类,见表1-12。其中1至5为酸性焊条,6和7为碱性焊条。其他焊条牌号的表示方法,见国家机械工业委员会所编写的《焊接材料产品样本》。

表1-12　　　　焊条药皮类型和电源种类编号

编号	1	2	3	4	5	6	7	8
药皮类型	钛型	钛钙型	钛铁矿型	氧化铁型	纤维素型	低氢钾型	低氢钠型	石墨型
电源种类	直流或交流	交、直流	交、直流	交、直流	交、直流	交、直流	直流	交、直流

焊条还可按熔渣性质分为酸性焊条和碱性焊条两大类。药皮熔渣中酸性氧化物(如 SiO_2、TiO_2、Fe_2O_3)比碱性氧化物(如 CaO、FeO、MnO)多的焊条称为酸性焊条。此类焊条适合各类电源,其操作性能好,电弧稳定,成本较低,但焊缝的塑性和韧性稍差,渗合金作用弱,故不宜焊接承受动荷载和要求高强度的重要结构件。熔渣中碱性氧化物比酸性氧化物多的焊条称为碱性焊条。此类焊条一般要求采用直流电源,焊缝塑性及韧性好,抗冲击能力强,但可操作性差,电弧不够稳定,且价格较高,故只适合焊接重要结构件。

③焊条的选用原则。选用焊条通常是首先根据焊件化学成分、力学性能、抗裂性、耐腐蚀性以及高温性能等要求,选用相应的焊条种类;然后再根据焊接结构形状、受力情况、焊接设备和焊条价格等,来选定具体的焊条型号。在具体选用焊条时,一般应遵循以下原则。

a. 低碳钢和普通低合金钢构件,一般都要求焊缝金属与母材等强度,因此可根据钢材的强度等级来选用相应的焊条。但必须注意,钢材是按屈服强度确定等级的,而结构钢焊条的强度等级是指金属抗拉强度的最低保证值。

b. 同一强度等级的酸性焊条或碱性焊条的选定,主要应考虑焊接件的结构形状(简单或复杂)、钢板厚度、载荷性质(动荷或静荷)和钢材的抗裂性要求而定。通常对要求塑性好、冲击韧性高、抗裂能力强或低温性能好的结构,要选用碱性焊条。如果构件受力不复杂、母材质量较好,应尽量选用较经济的酸性焊条。

c. 低碳钢与低合金钢结构钢混合焊接,可按异种钢接头中强度较低的钢材来选用相应的焊条。

d. 铸钢的含碳量一般都比较高,而且厚度较大,形状比较复杂,很容易产生焊接裂纹。一般应选用碱性焊条,并采取适当的工艺措施(如预热)进行焊接。

e. 焊接不锈钢或耐热钢等有特殊性能要求的钢材,应选用相应的专用焊条,以保证焊缝的主要化学成分和性能与母材相同。

5. 金属装饰线条

金属装饰线条是室内外装饰工程中的重要装饰材料,常用的金属装饰线条有铝合金线条、铜线条、不锈钢线条等。

(1)铝合金装饰线条。

铝合金装饰线条是用纯铝加入锰、镁等合金元素后,挤压而制成的条状型材。

①铝合金线条的特点。铝合金线条具有轻质、高强、耐蚀、耐磨、刚度大等优良性能。其表面经过阳极氧化着色表面处理,有鲜明的金属光泽,耐光和耐气候性能良好。其表面还涂以坚固透明的电泳漆膜,涂后会更加美观、适用。

②铝合金线条的用途。铝合金线条可用于装饰面的压边线、收口线,以及装饰画、装饰镜面的框边线。在广告牌、灯光箱、显示牌上当作边框或框架,在墙面或天花面作为一些设备的封口线。铝合金线条还可用于家具上的收边装饰线、玻璃门的推拉槽、地毯的收口线等方面。

③铝合金线条的品种。铝合金装饰线条的品种很多,主要的可归纳为角线条、画框线条、地毯收口线条等几种。角线条又可分为等边角线条和不等边角线条两种。

(2)铜装饰线条。

铜装饰线条是用铜合金"黄铜"制成的一种装饰材料。

①铜装饰线条的特点。铜装饰线条是一种比较高档的装饰材料,它具有强度高、耐磨性好、不锈蚀,经加工后表面有黄金色光泽等特点。

②铜装饰线条的用途。铜装饰线条主要用于地面大理石、花岗石、水磨石地面的间隔线,楼梯踏步的防滑线,楼梯踏步的地毯压角线,高级家具的装饰线等。

(3)不锈钢装饰线条。

不锈钢装饰线条是以不锈钢为原料,经机械加工而制成,是一种比较高档的装饰材料。

①不锈钢线条的特点。不锈钢装饰线条具有高强度、耐腐蚀、表面光洁如镜、耐水、耐擦、耐气候变化等优良性能。

②不锈钢线条的用途。不锈钢装饰线条的用途目前并不十分广泛,主要用于各种装饰面的压边线、收口线、柱角压线等处。

③不锈钢线条的品种。不锈钢线条主要有角形线和槽线两类。

6. 铁艺制品

铁艺制品是用铁制材料经锻打、弯花、冲压、铆焊、打磨、油漆等多道工序制成的装饰性铁件,可用作铁制阳台护栏、楼梯扶手、庭院豪华大门、室内外栏杆、艺术门、屏风、家具及装饰件等,装饰效果新颖独特。

铁艺制品能起到其他装饰材料所不能替代的装饰效果。例如:装饰一扇用铁艺嵌饰的玻璃门,再配以居室的铁艺制品会烘托出整个居室不同凡响的效果;木制板材暖气罩易翘曲、开裂,使用铁艺暖气罩不但散热效果好,还能起到较好的装饰效果。

虽然铁艺制品非常坚硬,但在安装、使用过程中也应避免磕碰。这是因为一旦破坏了表面的防锈漆,铁艺制品很容易生锈,所以在使用中用特制的"修补漆"修补,以免生锈。铁艺制品属性为生铁锻造,因此尽可能不在潮湿环境中使用,并注意防水防潮。

目前市场上出售的铁艺制品在制作工艺上分为两类:一类是用锻造工艺,即以手工打制生产的铁艺制品,这种制品材质比较纯正,含碳量较低,其制品也较细腻,花样丰富,是家居装饰的首选;另一类是铸铁铁艺制品,这类制品外观较为粗糙,线条直白粗犷,整体制品笨重,这类制品价格不高,却更易生锈。

三、金属工常用设备与机具

机具是保证金属加工施工质量的重要条件,是提高工效的基本保证。在建筑装饰工程中,金属工施工常用机具须完整齐备,才能保证装饰施工的正常进行。装饰工程的各个部分都离不开施工常用机具。

1. 常用手工工具

(1)钢丝钳(图 1-22)。用于夹持或弯折薄片形、圆柱形金属零件及切断金属丝,其旁刃口也可用于切断细金属丝。分柄部不带塑料管和带塑料管两种。长度(mm):160、180、200。

(2)鲤鱼钳(图 1-23)。用于夹持扁形或圆柱形金属零件,其钳口的开口宽度有两档调节位置,可以夹持尺寸较大的零件,刃口可切断金属丝,亦可代替扳手装拆螺栓、螺母。长度(mm):125、150、165、200、250。

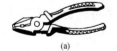 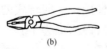 

(a)　　　　　　　　(b)

图 1-22　钢丝钳　　　　　　　图 1-23　鲤鱼钳

(a)带塑料管钢丝钳;(b)不带塑料管钢丝钳

(3)断线钳(图 1-24)。用于切断较粗的、硬度不大于 30HRC 的金属线材、刺铁丝及电线等。钳柄分有管柄式、可锻铸铁柄式和绝缘柄式等,见表 1-13。

(4)大力钳(图 1-25)。用以夹紧零件进行铆接、焊接、磨削等加工。其特点是钳口可以锁紧并产生很大的夹紧力,使被夹紧零件不会松脱;而且钳口有多挡调节位置,供夹紧不同厚度零件使用。另外,也可作扳手使用。长度×钳口最大开口(mm×mm):220×50。

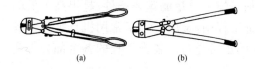 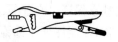

(a)	(b)

图 1-24　断线钳

(a)普通式(铁柄);(b)管柄式

图 1-25　大力钳

表 1-13　　　　　　　　　　　　断线钳规格

规格/mm		300	350	450	600	750	900	1050
长度/mm		305	365	460	620	765	910	1070
剪切直径/mm	黑色金属	≤4	≤5	≤6	≤8	≤10	≤12	≤14
	有色金属(参考)	2~6	2~7	2~8	2~10	2~12	2~14	2~16

(5)普通台虎钳(图 1-26)。安装在工作台上,用以夹持工件,使钳工便于进行各种操作。回转式的钳体可以旋转,使工件旋转到合适的工作位置,规格见表 1-14。

(a)	(b)

图 1-26　普通台虎钳

(a)固定式;(b)转盘式

表 1-14　　　　　　　　　　普通台虎钳规格

规格		75	90	100	115	125	150	200
钳口宽度/mm		75	90	100	115	125	150	200
开口度/mm		75	90	100	115	125	150	200
外形尺寸/mm	长度	300	340	370	400	430	510	610
	宽度	200	220	230	260	280	330	390
	高度	160	180	200	220	230	260	310
夹紧力/kN	轻级	7.5	9.0	10.0	11.0	12.0	15.0	20.0
	重级	15.0	18.0	20.0	22.0	25.0	30.0	40.0

(6)钢锯架(图 1-27)。安装手用锯条后,用于手工锯割金属等材料,规格见表 1-15。

(7)钳工锉(图 1-28)。用于锉削或修整金属工件的表面、凹槽及内孔。规格见表 1-16。

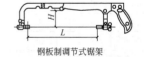

钢板制调节式锯架

钢板制固定式锯架

图 1-27　钢锯架

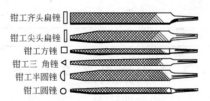

钳工齐头扁锉
钳工尖头扁锉
钳工方锉
钳工三角锉
钳工半圆锉
钳工圆锉

图 1-28　钳工锉

表 1-15　　　　　　　　　　钢锯架规格　　　　　　　　　　(单位:mm)

类型		规格 L (可装锯条长度)	长度	高度	最大锯切深度 H
钢板制	调节式	200,250,300	324~328	60~80	64
	固定式	300	325~329	65~85	

续表

类型		规格 L (可装锯条长度)	长度	高度	最大锯切 深度 H
钢管制	调节式	250,300	330	≥80	74
	固定式	300	324	≥85	

表 1-16　　　　　　　　　　钳工锉规格　　　　　　（单位:mm）

锉身 长度	扁锉 (齐头,尖头)		半圆锉			三角锉	方锉	圆锉
	宽	厚	宽	厚(薄型)	厚(厚型)	宽	宽	直径
100	12	2.5	12	3.5	4.0	8.0	3.5	3.5
125	14	3	14	4.0	4.5	9.5	4.5	4.5
150	16	3.5	16	5.0	5.5	11.0	5.5	5.5
200	20	4.5	20	5.5	6.5	13.0	7.0	7.0
250	24	5.5	24	7.0	8.0	16.0	9.0	9.0
300	28	6.5	28	8.0	9.0	19.0	11.0	11.0
350	32	7.5	32	9.0	10.0	22.0	14.0	14.0
400	36	8.5	36	10.0	11.5	26.0	18.0	18.0
450	40	9.5	—		—		22.0	

2. 锯(切、割、截、剪)断机具

(1)电动曲线锯。

电动曲线锯可以在金属、木材、塑料、橡胶皮条、草板材料上切割直线或曲线,能锯割复杂形状和曲率半径小的几何图形。锯条的锯割是直线的往复运动,其中粗齿锯条适用于锯割木材,中齿锯条适用于锯割有色金属板材、层压板,细齿锯条适用于锯割钢板。电动曲线锯由电动机、往复机构、风扇、机壳、开关、手柄、锯条等零件组成。

①特点。电动曲线锯具有体积小、质量轻、操作方便、安全

可靠、适用范围广的特点,是建筑装饰工程中理想的锯割工具。

②用途。在装饰工程中常用于铝合金门窗安装、广告招牌安装及吊顶等。

③规格。电动曲线锯的规格及型号以最大锯割厚度表示。电动曲线锯规格及锯条规格见表 1-17。

表 1-17　　　　　　　　　　　电动曲线锯规格

型号	电压 /V	电流 /A	电源 频率 /Hz	输入 功率 /W	锯割最 大厚度 /mm		最小曲 率半径 /mm	锯条负载 往复次数 /(次/min)	锯条往 复行程 /mm
回 JIQZ-3	220	1.1	50	230	钢板	层压板	50	1600	25
					3	10			

④操作注意事项。

a. 为取得良好的锯割效果,锯割前应根据被加工件的材料选取不同齿锯的锯条。若在锯割薄板时发现工件有反跳现象,表明选用锯条齿锯太大,应调换细齿锯条。

b. 锯条应锋利,并装紧在刀杆上。

c. 锯割时向前推力不能过猛,转角半径不宜小于 50mm。若卡住应立刻切断电源,退出锯条,再进行锯割。

d. 在锯割时不能将曲线锯任意提起,以防锯条受到撞击而折断和损坏锯条中路。但可以断续地开动曲线锯,以便认准锯割线路,保证锯割质量。

e. 应随时注意保护机具,经常加注润滑油,使用过程中发现不正常声响、火花、外壳过热、不运转或运转过慢时,应立即停锯,检查并修好后方可使用。

(2)型材切割机。

型材切割机主要用于切割金属型材。它根据砂轮磨损原理,利用高速旋转的薄片砂轮进行切割,也可改换合金锯片切割木材、硬质塑料等,在建筑装饰施工中,多用于金属内外墙板、铝合金门窗安装、吊顶等工程。

①规格。型材切割机由电动机(三相工频电动机)、切割动力头、变速机构、可转夹钳、砂轮片等部件组成。现在国内装饰工程中所用切割机多为国产的和日本产的,如 J3G-400 型、J3GS-300 型,其主要参数见表 1-18。

表 1-18　　　　　　型材切割机型号及主要参数

型号		J3G-400 型	J3CS-300 型
电动机		三相工频电动机	三相工频电动机
额定电压/V		380	380
额定功率/kW		2.2	1.4
转速/(r/min)		2880	2880
极数		二级	二级
增强纤维砂轮片/mm×mm×mm		400×32×3	300×32×3
切割线速度/(m/min)		砂轮片 60	砂轮片 68　木工圆锯片 32
最大切割范围/mm	圆钢管、异型管	135×6	95×5
	槽钢、角钢	100×10	80×10
	圆钢、方钢	φ50	φ25
	木材、硬质塑料	—	φ90
夹钳可转角度		0°,15°,30°,45°	0°~45°
切割中心调整量/mm		50	
机身质量/kg		80	4

②使用注意事项。

a. 使用前应检查切割机各部位是否紧固,检查绝缘电阻、电缆线、接切线以及电源额定电压是否与铭牌要求相符,电源电压不宜超过额定电压10%。

b. 选择砂轮片和木工圆锯片,规格应与铭牌要求相符,以免电机超载。

c. 使用时,要将被切割件装在可转夹锥上,开动电机,用手柄撤下动力头,即可切断型材,夹钳与砂轮片应根据需要调整角度。J3G4W型型材切割机的砂轮片中心可前后位移,调整砂轮片与切割型材的相应位置,调稳时只要将两个固定螺钉松开,调好后拧紧即可。

d. 切割机开动后,应首先注意砂轮片旋转方向是否与防护罩上标出的方向一致,如不一致,应立即停车,调换插头中两支电源线。

e. 操作时不能用力按手柄,以免电机过载或砂轮片崩裂。操作人员可握手柄开关,身体应倒向一旁。因有时紧固夹钳螺丝松动,导致型材弯起,切割机切割碎屑过大飞出保护罩,容易伤人。

f. 使用中如发现机器有异常杂声,型材或砂轮跳动过大等应立即停机,检修后方可使用。

g. 机器使用后应注意保存。

3. 钻(拧)孔机具

(1)电钻。

电钻是用来对金属、塑料或其他类似材料或工件进行钻孔的电动工具。电钻的特点是体积小,质量轻,操作快捷简便,工效高。对体积大、质量大、结构复杂的工件,利用电钻来钻孔尤其方便,不需要将工件夹固在机床上进行施工。因此,电钻是金属工施工过程中最常用的电动工具之一。为适应不同用途,电钻有单速、双速、四速和无级调整等种类。电动小电钻工作前检查卡头是否卡紧。工作物要放平放稳,小工件、薄工件应使用卡盘夹紧或用钳夹紧,然后再进行操作。

电钻使用注意事项如下:

①电动小电钻禁止用力过猛压钻柄或用管子套在手柄上加力。

②手电钻的手提把和电源导线应经常检查,保持绝缘良好,电线必须架空,操作时戴绝缘手套。

③手电钻应按出厂的铭牌规定,正确掌握电压功率和使用时间。如发现漏电现象、电机发热超过规定,转动速度突然变慢或有异声时,应立即停止使用,交电工检修。

④手电钻钻头必须拧紧,开始时应轻轻加压,钻孔钻杆保持直线,不得翘扳或过分加压,以防断钻。

⑤手电钻向上钻孔,只许用手顶托钻把,不许用头顶肩夹。

⑥手电钻高空作业时,应搭设安全脚手架或挂好安全带。

⑦手电钻先对准孔位后才开动电钻,禁止在转动中手扶钻杆对孔。

⑧电动小电钻的手提把和电源导线就经常检查,保持绝缘良好,电线必须架空,操作时戴绝缘手套。

(2)冲击电钻。

冲击电钻,亦称电动冲击钻。它是可调节式旋转带冲击的特种电钻,当把旋钮调到纯旋转位置时,装上钻头,就像普通电钻一样,可对钢制品进行钻孔;如把旋钮调到冲击位置,装上镶硬质合金冲击钻头,就可以对混凝土、砖墙进行钻孔。冲击电钻广泛应用于建筑装饰工程以及安装水、电、煤气等方面。

冲击电钻的规格以型号及最大钻孔直径表示,见表1-19。

表 1-19　　　　　　　　　冲击电钻规格型号

型号		回 JIZC-10 型	回 JIZC-20 型
额定电压/V		220	220
额定转速/(r/min)		≥1200	≥800
额定转矩/(N·min)		0.009	0.035
额定冲击次数/(次/min)		14000	8000
额定冲击幅度/mm		0.8	1.2
最大钻孔直径/mm	钢铁中混凝土	6	13
	制品中	10	20

使用注意事项如下：

①使用前应检查工具是否完好,电线有无破损,电源线在进入冲击电钻处有无橡皮护套。

②按额定电压接好电源,根据冲击、电钻要求选择合适的钻头后,把调节按钮调好,将刀具垂直于墙面冲转。

③使用时有不正常杂声应停止使用,如发现旋转速度突然降低,应立即放松压力。钻孔时突然刹停应立即切断电源。

④移动冲击电钻时,必须握持手柄,不能拖拉橡皮软线,防止橡皮软线擦破、割破。使用中要防止其他物体碰撞,以防损坏外壳或其他零件。

⑤使用后应放在阴凉干燥处。

（3）电锤。

电锤也称冲击电钻,其工作原理同电动冲击钻,也兼具冲击和旋转两种功能。由单相串激式电机、传动箱、曲轴、连杆、活塞机构、保险离合器、刀夹机构、手柄等组成。

电锤的特点是利用特殊的机械装置将电动机的旋转运动变为冲击、或冲击带旋转运动。按其冲击旋转的形式可分为：动能冲击锤、弹簧冲击锤、弹簧气垫锤、冲击旋转锤、曲柄连杆气垫锤和电磁锤等。

电锤主要用于建筑工程中各种设备的安装,在装饰工程中可用于在砖石、混凝土结构上钻孔、开槽、粗糙表面,也可用来钉钉子、铆接、捣固、去毛刺等加工作业。另外,在现代装饰工程中用于铝合金门窗的安装、铝合金吊顶、石材安装等工程中。

使用注意事项如下:

①使用电锤打孔,工具必须垂直于工作面,不允许工具在孔内左右摆动,以免扭坏工具;使用中若需扳撬时,不应用力过猛。

②保证电源和电压与铭牌中规定相符。且电源开关必须处于"断开"位置。如工作地点远离电源,可使用延长电缆。电缆应有足够的线径,其长度应尽量缩短。检查电缆线有无破裂漏电情况,并加以妥善良好的接地。

③电锤的各连接部位紧固螺钉必须牢固;根据钻孔、开凿情况选择合适的钻头,并安装牢靠。钻头磨损后应及时更换,以免电机过载。

④电锤多为断续工作制,切勿长期连续使用,以免烧坏电动机。电锤使用后应将电源插头拔离插座。

维护与检修:

①为了使电锤能经常工作,使用中必须对其进行经常仔细地维护和保养。

②注入优质、耐热性能良好的润滑油。

③注意勿使电机绕线受潮气、水分、油剂的侵袭。

④电锤中的易损件应及时检查更换。

(4)风动冲击锤(nQ-A-20 型)。

①结构特点。采用 4 位 6 通手动单向球型转换阀门及 G7815 线型过滤器,结构小巧,工艺性能好,操作方便可靠。有旋转和往复冲击两个工作腔,通过齿轮进行有机结合,阀衬采用

聚酯型泡沫塑料,密封性好,耐磨。

②用途。主要供装上镶硬质合金冲击钻头或自钻式膨胀螺栓,对各种混凝土、砖石结构件进行钻孔,以便安装膨胀螺栓之用,从而代替预埋件,加快安装速度,提高劳动效率。广泛应用于建筑、机械、化工、冶金、电力设备和管道、电气器材等的安装工程。

4.锻压、焊接机具

锻压是制造机械零件毛坯的方法之一。锻压过程中,金属经塑性变形和再结晶后,压合了铸造组织的内部缺陷(如气孔、微裂纹等),晶粒得以细化,组织致密,内部杂质呈纤维方向分布,改善和提高了材料的力学性能。

锻压生产主要应用在机械、电力、电器、仪表、电子、交通、冶金矿山、国防和日用品等工业部门。机械中受力大而复杂的重要零件,如主轴、曲轴、连杆、齿轮、凸轮、叶轮、叶片、炮筒和枪管等,一般都采用锻件作毛坯。

(1)锻压加工的锻。

①自由锻。自由锻是指只用简单的通用性工具,或在锻造设备的上下砧间直接使坯料变形而获得所需形状及质量的锻件的加工方法。

自由锻分手工锻和机器锻两种。机器锻是自由锻的基本方法。

自由锻是生产水轮发电机机轴、涡轮盘、船用柴油机曲轴、轧辊等重型锻件(重量可达250t)唯一可行的方法,在重型机械制造厂中占有重要的地位。对于中小型锻件,从经济上考虑,只有在单件、小批生产时,采用自由锻才是合理的。

②模锻。利用锻模使坯料变形而获得锻件的锻造方法,称

为模锻。

模锻与自由锻相比,其优点是:锻件尺寸精度高,表面粗糙度值小,能锻出形状复杂的锻件;余量小,公差仅是自由锻件公差的 $1/4 \sim 1/3$,材料利用率高,节约了机加工时;锻件的纤维组织分布更为合理,力学性能高;生产率高,操作简单,易于机械化,锻件成本低。但是,锻模材料昂贵且制造周期长、成本高。

③胎模锻。在自由锻设备上使用可移动模具生产模锻件的一种锻造方法,称为胎模锻。它是一种介于自由锻和模锻之间的锻造方法。胎模锻一般用自由锻方法制坯,在胎模中最后成形。胎模不固定在锤头或砧座上,需要时放在下砧铁上进行锻。

胎模锻与自由锻相比,具有生产率高,锻件尺寸精度高,表面粗糙度值小,余块少,节约金属,降低成本等优点。与模锻相比,具有胎模制造简单,不需贵重的模锻设备,成本低,使用方便等优点;但胎模锻件尺寸精度和生产率不如锤上模锻高,工人劳动强度大,胎模寿命短。胎模锻适于中、小批生产,在缺少模锻设备的中、小型工厂中应用较广。

④冲模。

a. 简单模。在压力机一次行程中只完成一个工序的模具。简单模结构较简单,易制造,成本低,维修方便,但生产率低。

b. 复合模。在压力机一次行程中,在模具的同一位置上,同时完成两道以上工序的模具。复合模生产率较高,加工零件精度高,适于大批量生产。

c. 连续模。在压力机一次行程中,在模具不同位置上,同时完成数道冲压工序的模具。

(2)锻压机械使用注意事项。

①一般规定。

a. 锻压机械装置的电机、电器及液压装置应按有关规定执行。

　　b. 机械安装、布置应确保安全,场地应平整,车间应有防暑、降温、防寒设备。原料、半成品、成品及余料等不得堆积在机械近旁。

　　c. 作业前,应检查:机械上受冲击部位无裂纹损伤;主要螺栓无松动;模具无裂纹;操纵机构、自动停止装置、离合器、制动器均灵活可靠;油路畅通。

　　d. 作业中,不得用手检查工件和用样板核对尺寸。模具卡住工件时,不得用手解脱。严禁将手和工具伸进危险区内。

　　e. 工件必须用钳子夹牢传送,不得投掷。

　　f. 作业中,只能用扫帚或木棍清除机械上的氧化铁皮、边角料及剪切下的余料,不得用手或脚直接清除。

　　②空气锤及夹板锤。

　　a. 作业前,应检查受振部分无松动,锤头无裂纹,润滑良好,油泵供油及管路系统工作正常。

　　b. 作业前,应先试运转1~2min,冬季应先用手转动,然后启动。较长时间停用锻锤,启动前应先排出汽缸中的积水。

　　c. 冬季车间温度较低时,应先将锤头、钳子、锻磨预热到60℃以上。

　　d. 掌钳人员手指不得放在钳柄之间,并应牢牢夹紧工件,钳柄不得正对胸腹部。

　　e. 锻打前,应先将工件表面和砧上的氧化铁皮清除。

　　f. 司锤人员在工作中必须听从掌钳人员的指挥,不得随意开、停机械。

　　g. 锻件未达到所需温度时,锻件放在砧上的位置不合乎要求时,锻件夹持不稳或不平时,均不得进行锻打。

　　h. 作业中,应经常检查锤头、砧子,如不正常,应立即停机检查,检查前必须将锤头固定牢靠。

i. 提升锤头的操纵杆,不得超过规定位置,应避免打空锤。不得冷锻或锤打过烧的工件。

j. 切断工件时,切口正面严禁站人。

k. 作业后,应将锤头提起,并将木板放在砧子上再将锤头落在木板上。

③平板机。

a. 启动前,应检查各部润滑、紧固情况。按钢板厚度调整好轧辊。

b. 平整钢板时,操作人员应站在机床两侧。严禁站在机床前后,或钢板上面。工件的表面应保持清洁,不得有熔焊的金属。

c. 平整小块或长条工件时,应在两辊前放一块符合设备规格的钢板,作为垫板,将待平整的小块或长条工件放在垫板上进行平整,并经常注意垫板一端距离轧辊应不少于 300mm,并不得倾斜。

d. 在垫板上放置的待平整的工件应相互错开,不得放置成一直线,两工件间的前后距离不得少于 100mm。

e. 平整工件时,应少量下降动轧辊。每次降下量以 1～2mm 为限,并注意指针位置。

f. 作业后,应放松轧辊,取出工件与垫板。

④卷板机。

a. 作业中,操作人员应站在工件的两侧。

b. 作业中,用样板检查圆度时,须停机后进行。滚卷工件到末端时,应留一定的余量。

c. 作业中,工件上禁止站人,亦不得站在已滚好的圆筒上找正圆度。

　　d. 滚卷较厚、直径较大的简体或材料强度较大的工件时,应少量下降动轧辊并应经多次滚卷成型。

　　e. 滚卷较窄的简体时,应放在轧辊中间滚卷。

　　f. 工件进入轧辊后,应防止人手和衣服被卷入轧辊内。

　　⑤剪板机。

　　a. 启动前,应检查各部润滑、紧固情况,切刀不得有缺口,启动后空转 1~2min,确认正常后,方可作业。

　　b. 剪切钢板的厚度不得超过剪板机规定的能力。切窄板材时,应在被剪板材上压一块较宽钢板,使垂直压紧装置下落时,能压牢被剪板材。

　　c. 应根据剪切板材厚度,调整上、下切刀间隙,切刀间隙不得大于板材厚度的 5%,斜口剪时不得大于 7%,调整后应用手转动及空车运转试验。

　　d. 制动装置应根据磨损情况,及时调整。

　　e. 一人以上作业时,须待指挥人员发出信号方可作业,送料时须待上剪刀停止后进行,严禁将手伸进垂直压紧装置的内侧。

　　f. 送料时,应放正、放平、放稳,手指不得接近切口和压板。

5. 焊接生产

　　焊接是指通过加热或加压(或两者并用),并且用或不用填充材料,使焊件达到原子结合的一种加工方法。它与机械连接(螺纹连接、铆接等)相比有着本质上的区别,即焊接是借助原子间的结合力来实现连接的。

　　焊接方法的种类很多,按焊接过程的特点分为熔焊、压焊和钎焊三大类。

　　(1)手工电弧焊。

　　手工电弧焊是用手工操纵焊条进行焊接的一种电弧焊方法

(简称手弧焊),其焊接过程见图 1-29 所示。

在手弧焊过程中焊接电弧和熔池的温度比一般冶炼温度高;会使金属元素强烈蒸发和大量烧损;出于焊接熔池体积小,从熔化到凝固时间极短,使各种化学反应难以达到平衡状态,焊缝中的化学成分不够均匀,气体和杂质来不及浮出,易产生气孔和夹渣缺陷。

为了保证焊缝金属的化学成分和力学性能,除了清除焊件表面的铁锈、油污及烘干焊条外,还必须采用焊条药皮、焊剂或保护气体(如二氧化碳、氩气)等,机械地把液态金属与空气隔开,以防止空气的有害作用。同时,也可通过焊条药皮、提芯(丝)或焊剂对熔化金属进行冶金处理,以去除有害杂质,添加合金元素,获得优质的焊缝金属。

(2)埋弧自动焊。

将手弧焊焊接过程中的引燃电弧、送进和移动焊丝、电弧移动等动作由机械化和自动化来完成,且电弧在焊剂层下燃烧的一种熔焊方法,称为埋弧自动焊(或熔剂层下自动焊),见图 1-30。

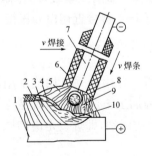

图 1-29 手弧焊焊接过程示意图

1—母材金属;2—渣壳;3—焊缝;
4—液态熔渣;5—保护气体层;
6—焊条药皮;7—焊芯;
8—熔滴;9—电弧;10—熔池

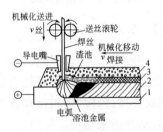

图 1-30 埋弧自动焊示意图

1—焊接;2—焊缝;3—渣壳;4—焊接层

埋弧自动焊具有以下特点：

①生产率高。由于可用大电流焊接和无需停弧换焊条，因此生产率比手弧焊可提高 5～20 倍。

②焊缝质量好。由于焊接熔池能够得到可靠保护，金属熔池保持液态时间较长，故冶金过程进行得较完善，加之焊接工艺参数稳定，使焊缝成形美观，力学性能较高。

③节省金属材料、成本低。由于埋弧自动焊采用大电流，故焊件可以不开坡口或少开坡口。此外，没有飞溅和焊条头的损失。

④改善了劳动条件。埋弧自动焊在焊接时看不到弧光，烟接烟雾也很少，又是机械化操作，故劳动条件得到了很大改善。

但埋弧自动焊一般只适合于焊接水平位置的长直焊缝和环形焊缝，不能焊接空间焊缝或不规则焊缝；对焊前准备工作要求严格，如对焊接坡口加工要求较高，在装配时要保证组装间隙均匀。

（3）气体保护电弧焊。

用外加气体作为电弧介质并对电弧和焊接区进行保护的一种熔焊方法，称为气体保护电弧焊（简称气体保护焊）。常用的气体保护焊方法有氩弧焊和二氧化碳气体保护焊。

①氩弧焊。氩弧焊是用氩气作为保护气体的一种气体保护焊。按所用电极不同，氩弧焊分为熔化极氩弧焊和不熔化极（或钨极）氩弧焊。其焊接过程均可采用自动或半自动方式进行。

氩弧焊的特点：

a. 氩气是一种惰性气体，它既不与金属起化学反应，又不溶于液体金属中，因而是一种理想的保护气体，可以获得高质量的焊缝。

b. 电弧在气流压缩下燃烧，热量集中，焊接热影响区小，焊件焊后变形较小。

c. 电弧稳定,飞溅小,表面无熔渣,成形美观。

②二氧化碳气体保护焊。二氧化碳气体保护焊是利用二氧化碳气体作为保护气体的一种气体保护焊(图 1-31)。焊接时,焊丝由送丝滚轮自动送进,二氧化碳气体经喷嘴沿焊丝周围喷射出来,在电弧周围

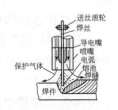

图 1-31 二氧化碳气体保护焊示意图

造成局部气体保护层,使熔滴、熔池与空气机械地隔离开,可防止空气对高温金属的有害作用。但二氧化碳气体在高温下可分解为一氧化碳和氧,从而使碳、硅、锰等合金元素烧损,降低焊缝金属力学性能,而且还会导致气孔和飞溅。因此,不适用于焊接有色金属和高合金钢。

二氧化碳气体保护焊的特点:

a. 由于电流密度大,熔深大,焊接速度快,焊后又不需清渣,所以生产率比手弧焊提高 1～4 倍。

b. 由于二氧化碳气体保护焊焊缝氢的含量低,且焊丝中锰的含量高,脱硫作用良好,故焊接接头抗裂性好。

c. 由于保护气流的压缩使电弧热量集中,焊接热影响区较小,加上二氧化碳气流的冷却作用,因此产生变形和裂纹的倾向也小。

d. 二氧化碳气体价廉:因此二氧化碳气体保护焊的成本仅为手弧焊和埋弧自动焊的 40％左右。

c. 二氧化碳气体保护焊是明弧焊,便于观察和操作,可适于各种位置的焊接。

③气焊。气焊是利用氧气与可燃性气体混合燃烧产生的热量,将焊件和焊丝熔化而进行焊接的一种熔焊方法。

生产中常用的可燃性气体是乙炔。乙炔与氧混合燃烧的火焰为氧-乙炔火焰,其温度高。中性焰应用最广,可用于焊接低碳钢、中碳钢、合金钢、铝合金等材料。

图 1-32 为气焊示意图。焊炬喷出的火焰将两焊件接缝处局部加热至熔化状态形成熔池,不断向熔池送入填充焊丝(或不加填充金属,靠焊件本身熔化)使被焊处熔成一体,冷却凝固后形成焊缝。

图 1-32　气焊示意图

气焊时应根据焊件的成分选择焊丝和焊剂。焊剂的作用是去除焊接过程中产生的氧化物,保护焊接熔池,改善金属熔池的流动性。

气焊的特点是:气焊技术比较容易掌握;所用设备简单;费用较低;不需要电源;操作灵活方便,尤其在缺少电源的地方和野外工作更具有实际意义,但由于气焊火焰温度低,加热缓慢,焊件受热面积大,热影响区较宽,变形较大;火焰对熔池保护性差,焊缝中易产生气孔、夹渣等缺陷;难于实现机械化,生产率低,故不适于大批量生产。

(4)电阻焊。

电阻焊(又称接触焊)是利用电流通过接头的接触面及邻近区域产生的电阻热,将焊件加热到塑性状态或局部熔化状态,再在压力作用下形成牢固接头的一种压焊方法。

电阻焊使用低电压(仅为 2~10V)、大电流(几千安到几万安),因此焊接时间极短(一般为 0.01 秒到几十秒)。与其他焊接方法相比,电阻焊生产率高,焊件变形小,不需要填充金属,劳动条件较好,操作简单,易实现机械化和自动化。但设备较复杂,耗电量大,对焊件厚度和截面形状有一定限制,一般适于成批大量生产。

电阻焊分为对焊、点焊和缝焊。

(5)钎焊。

钎焊是采用比母材熔点低的金属材料作钎料,将焊件和钎料加热到高于钎料熔点、低于母材熔点的温度,利用液态钎料润湿母材,填充接头间隙并与母材相互扩散实现连接焊件的方法。

在钎焊过程中,为消除焊件表面的氧化膜及其他杂质,改善液态钎料的润湿能力,保护钎料和焊件不被氧化,常使用钎剂。钎焊接头的承载能力与接头连接表面大小有关。按钎料熔点不同分为软钎焊和硬钎焊。

①软钎焊。钎料熔点在450℃以下。常用的钎料为锡铅钎料,钎剂为松香或氯化锌溶液等。此种方法接头强度低(60~140MPa),工作温度在100℃以下。主要用于受力不大的电子、电器仪表等工业部门中。

②硬钎焊。钎料熔点在450℃以上。常用的钎料有铜基、银基、铝基钎料等,钎剂主要有硼砂、硼酸、氟化物、氯化物等。硬钎焊接头强度较高(>200MPa),工作温度也较高。主要用于受力较大的钢铁及铜合金机件、工具等,如钎焊自行车车架、切削刀具等。

按加热方法不同钎焊又可分为炉中钎焊、感应钎焊、火焰钎焊、盐浴钎焊和烙铁钎焊等。

钎焊与熔焊相比具有如下特点:加热温度低,接头组织与性能变化小,焊件变形也较小;接头光滑平整,外形美观,易保证焊件尺寸;可焊接同种金属也可焊接异种金属;设备简单,易于实现自动化。但接头强度较低,耐热温度不高,焊前对焊件清洗和装置要求较严,不适于焊接大型构件。

(6)金属的热切割。

金属热切割是利用热能使金属分离的方法。金属热切割的主要方法是氧气切割。

氧气切割是利用气体火焰的热能将工件切割处预热到一定温度盾,喷出高速切割氧气流使金属燃烧并放出热量实现切割的方法。

按操作方式氧气切割分为手工切割和机械切割。手工切割时,由于割炬移动不等速和切隔氧气流的颤动,故难于保证获得高质量的切割表面,切口表面要进行机械加工。机械切割是在装有一个或几个割炬的专门自动切割机或半自动切割机上进行的,切割时能保证割炬沿切割线条等速地移动;保持切割氧气流严格地垂直于被切割表面,且割嘴到金属表面的距离保持不变,因此切口质量高。

氧气切割具有灵活方便、设备简单、操作简易等优点,但对金属材料的适用范围有一定限制。

氧气切割特别适用于切割厚件和外形复杂件,它被广泛地用于钢板下料和铸钢件浇冒口的切割,通常用一般割炬切割厚度为 5~300mm。

6.铆固与钉牢机具

(1)风动拉铆枪(FLM-1 型)。

适用于铆接抽芯铝铆钉用的风动工具。风动拉铆枪的特点是质量轻,操作简便,没有噪声,同时,拉铆速度快,生产效率高。广泛用于车辆、船舶、纺织、航空、建筑装饰、通风管道等行业。

基本参数:

①工作气压:0.3~0.6MPa。

②工作拉力:3000~7200N。

③铆接直径:3.0~5.5mm 的空芯铝铆钉。

④风管内径:10mm。

⑤枪身质量:2.25kg。

(2)风动增压式拉铆枪(FZLM-1 型)。

适用于拉铆空芯铝铆钉。风动增压式拉铆枪,其特点是质量轻、功率大、工效高,铆接操作简便。广泛适用于车辆、船舶、纺织、航空、通风管道、建筑装修等行业。

基本参数:

①工作气压:0.3~0.6MPa。

②工作油压:8.5~17MPa。

③增压活塞行程:127mm。

④生产拉力:5000~10000N。

⑤铆枪头拉伸行程:21mm。

⑥风管内径:10mm。

⑦枪身质量:1.0kg。

(3)射钉枪。

射钉枪是装饰工程施工中常用的工具,它要与射钉弹和射钉共同使用,由枪机击发射钉弹、以弹内燃料的能量,将各种射钉直接打入钢铁、混凝土或砖砌体等材料中。也可直接将构件钉紧于需固定部位,如固定木件、窗帘盒、木护壁墙、踢脚板、挂镜线、固定铁件,如窗盒铁件、铁板、钢门窗框、轻钢龙骨、吊灯等。

使用注意事项:

射钉枪因型号不同,使用方法略有不同。现以 SDT-A30 射钉枪为例介绍操作方法。

①装弹时,用手握住枪管套,向前拉到定向键处,然后再后推到位。

②从握把端部插入弹夹,推至与握把端部齐平。

③将钉子插入枪管孔内,直到钉子上的垫圈进入孔内为止。

④射击时,将射钉枪垂直地紧压在基体表面上,扣动扳机。每发射一次,应再装射钉,直至弹夹上子弹用完为止。

⑤使用射钉枪前要认真检查枪的完好程度,操作者最好经过专门训练。在操作时才允许装钉,装钉后严禁对人。

⑥射击的基体必须稳固坚实,并已有抵抗射击冲力的刚度。扣动扳机后如发现子弹不发火,应再次按于基体上扣动扳机,如仍不发火,仍保持原射击位置数秒后,再来回拉伸枪管,使下一颗子弹进入枪膛,再扣动扳机。

⑦射钉枪用完后,应注意保存。

(4)风动打钉枪(FDD251型)。

风动打钉枪是专供锤打扁头钉的风动工具,其特点是使用方便,安全可靠,劳动强度低,生产效率高。

基本参数:

①使用气压:0.5~0.7MPa。

②打钉范围:25×51mm 普通标准圆钉。

③风管内径:10mm。

④冲击次数:60 次/min。

⑤枪身质量:3.6kg。

(5)风动铆枪操作注意事项。

①工作前必须检查铆枪、风顶把、风管阀门等是否完好,并应经常清洗和注油。

②风管须用风吹净管内杂物后,才接在风把上,以免灰尘进入窝内。风管接头用卡子卡紧。

③带风压装卸风窝时,不可横向操作,应向上或向下,并不要看风枪口。

④风管的阀门要标示明确,以免弄错开关。

⑤拉安风管时要平顺安置,不得扭曲。在空中作业时,风管

应绑紧在架子上。工作时不得骑在风管上。

⑥铆作中断时,必须将风窝上风钮关闭后并用绳绑好平放在牢固的地方。铆作完毕时,必须将窝胆拿出,将入风口堵塞,防止侵入灰尘。

7.磨光机具

(1)电动角向磨光机。

电动角向磨光机是供磨削用的电动工具。由于其砂轮轴线与电机轴线成直角,所以特别适用于位置受限制不便用普通磨光机的场合。该机可配用多种工作头:粗磨砂轮、细磨砂轮、抛光轮、橡皮轮、切割砂轮、钢丝轮等。电动角向磨光机就是利用高速旋转的薄片砂轮以及橡皮砂轮、细丝轮等对金属构件进行磨削、切削、除锈、磨光加工。

用途:在建筑装饰工程中,常使用该工具对金属型材进行磨光、除锈、去毛刺等作业,使用范围比较广泛。

工作条件:

海拔不超过1000m。环境空气温度不超过40℃,不低于−15℃。空气相对湿度不超过90%(25℃)。

使用注意事项:

①使用前应检查工具的完好程度,不能任意改换电缆线、插头。雨季应加强检查。该机如长期搁置而需要重新启用时,应测量绝缘电阻。

②使用时按切割、磨削件材料不同,选择安装合适的切磨轮,按额定电压要求接好电源。

③工作过程中,不能让砂轮受到撞击,使用切割砂轮时,不得横向摆动,以免使砂轮破裂。

④使用过程中,若出现下列情况者,必须立即切断电源。进

行处理：

　　a. 传动部件卡住,转速急剧下降或突然停止转动。

　　b. 发现有异常振动或声响、温升过高或有异味时。

　　c. 发现电刷下火花过大或有环火时。

　　⑤使用工具时应经常检查、维护和保养。用完后应放置在干燥处妥善保存,并保证处在清洁、无腐蚀性气体的环境中。机壳用碳酸酯制成,不应接触有机溶剂。

　　(2)电动角向钻磨机。

　　电动角向钻磨机是一种供钻孔和磨削两用的电动工具。当把工作部分换上钻夹头,并装上麻花钻时,即可对金属等材料进行钻孔加工。如把工作部分换上橡皮轮,装上砂布、抛布轮时,可对制品进行磨削或抛光加工。由于钻头与电动机轴向成直角,所以它特别适用于空间位置受限制不便使用普通电钻和磨削工具的场合,可用于建筑装饰工程中对多种材料的钻孔、清理毛刺表面、表面砂光及雕刻制品等。所用电机是单相串激交直流两用电动机。

　　电动角向钻磨机的规格以型号及钻孔最大直径表示。其基本技术参数见表 1-20。

表 1-20　　　　　　　　　　**电动角向钻磨机的技术参数**

型号	钻孔直径 /mm	抛布轮直径 /mm	电压 /V	电流 /A	输出功率 /W	负载转速 /(r/min)
回 JIDI6 型	6	100	220	1.75	370	1200

　　(3)磨床。

　　①磨床的功能。用磨料磨具(砂轮、砂带、油石或研磨料等)作为工具对工件表面进行切削加工的机床,统称为磨床。它们是由于精加工和硬表面加工的需要而发展起来的。目前也有不少用于粗加工的高效磨床。

磨床用于磨削各种表面,如内外圆柱面和圆锥面、平面、螺旋面、齿轮的轮齿表面以及各种成形面等,还可以刃磨刀具,应用范围非常广泛。

由于磨削加工容易得到高的加工精度和好的表面质量,所以磨床主要应用于零件精加工,尤其是淬硬钢件和高硬度特殊材料的精加工。近年来由于科学技术的发展,现代机械零件的精度和表面粗糙度要求愈来愈高,各种高硬度材料应用日益增多,以及由于精密铸造和精密锻造工艺的发展,有可能将毛坯直接磨成成品;此外,随着高速磨削和强力磨削工艺的发展,进一步提高了磨削效率。因此磨床的使用范围日益扩大,它在金属切削机床中所占的比重不断上升,目前在工业发达的国家中,磨床在机床总数中的比例已达 30%～40%。

②磨床的种类。磨床的种类很多,其主要类型有:

a. 外圆磨床。外圆磨床包括万能外圆磨床、普通外圆磨床、无心外圆磨床等。

b. 内圆磨床。内圆磨床包括普通内圆磨床、无心内圆磨床、行星式内圆磨床等。

c. 平面磨床。平面磨床包括卧轴距台平面磨床、立轴距台平面磨床、卧轴圆台平面磨床、立轴圆台平面磨床等。

d. 工具磨床。工具磨床包括工具曲线磨床、钻头沟槽磨床、丝锥沟槽磨床等。

e. 刀具刃具磨床。刀具刃具磨床包括万能工具磨床、拉刀刃磨床、滚刀刃磨床等。

f. 各种专门化磨床。各种专门化磨床是专门用于磨削某一类零件的磨床,如曲轴磨床、凸轮轴磨床、花键轴磨床、活塞环磨床、齿轮磨床、螺纹磨床等。

g. 其他磨床。其他磨床种类很多,如研磨机、抛光机、超精加工机床、砂轮机等。

③磨床砂轮的安装。

a. 根据工件选用合适的砂轮,其硬度、强度、磨料粒度均应符合说明书要求。

b. 砂轮应有出厂合格证并有受检合格的标志。

c. 对砂轮进行全面检查,发现质量不合要求或外观有裂纹等缺陷时不得使用。

d. 砂轮在安装前必须进行静平衡试验。其最大不平衡度不超过 $15\sim20g/cm$。

e. 砂轮应直接装在轴上,法兰直径均为砂轮直径的 $1/3\sim1/2$。

f. 法兰与砂轮之间必须用衬垫垫好。

g. 砂轮与磨床主轴必须同心。

h. 装配时严禁用硬物敲击,紧螺母时要用专用扳手,紧固要适当。

i. 装牢防护罩,砂轮侧面与罩内壁向应保持 $20\sim30mm$ 的间隙。

j. 砂轮装好后,启动不能过急,要先经点动检查,并经过 $5\sim10min$ 的空车运转,确认正常后,方可使用。

(4)磨床使用注意事项。

①修磨砂轮时,必须戴防护镜。用金刚石修整砂轮时,必须用固定架衔住,不得手持修正。

②液压系统的油压不得低于规定值,液压缸内有空气时,必须排除后方可使用。

③装卸工件时,必须将砂轮退到安全位置。运转中,操作人员不得站在或面对砂轮旋转的离心力方向。

④砂轮的转速不得超限,必须选择合理的进给量,缓慢进

给,并应充分利用吸尘器。

⑤工作台快速移动时,必须先使工件与砂轮脱开,砂轮未退离工件前,不得停止转动。

⑥加工有花键、键槽的表面或扁圆工件时,进给应缓慢,并严格控制磨削量。

⑦停车前,应先关闭冷却液,继续空转数分钟,待砂轮所吸水分全部甩尽后方可停车。

8. 铣床

铣床是用铣刀进行加工的机床。由于铣床应用了多刃刀具连续切削,所以它的生产率较高,而且还可以获得较好的加工表面质量。铣床的工艺范围很广,在铣床上可以加工平面、沟槽、分齿零件、螺旋形表面。因此,在机器制造业中,铣床得到广泛应用。

铣床的主要类型有卧式铣床、立式铣床、工作台不升降铣床、龙门铣床、工具铣床等,此外,还有仿形铣床、仪表铣床和各种专门化铣床。

(1)铣床的种类、结构特点及用途。

①卧式铣床。卧式升降台铣床的主轴是水平布置的,所以习惯上称为"卧铣"。

图 1-33 为卧式升降台铣床外形图。

万能卧式铣床与一般卧式铣床的区别,仅在于万能卧式铣床有回转盘(位于工作台和滑座之间),回转盘可绕垂直轴线在 $\pm 45°$ 范围内转动,工作台能沿调整转角的方向在回转盘的导轨上进给,以便铣削不同角度的螺旋槽。

②立式铣床。图 1-34 为数控立式升降台铣床的外形图。这类铣床与卧式升降台铣床的主要区别是,在立式铣床上可加

工平面、斜面、沟槽、台阶、齿轮、凸轮以及封闭轮廓表面等。卧式和立式铣床适用于单件及成批生产中。

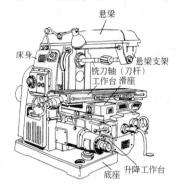

图 1-33　卧式升降台铣床

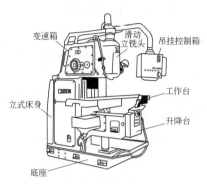

图 1-34　XK5040-1 型数控立式升降台铣床的外形图

③工作台不升降铣床。这类铣床工作台不做升降运动,机床的垂直进给运动由安装在立柱上的主轴箱做升降运动完成。这样可以增加机床的刚度,可以用较大的切削用量加工中等尺寸的零件。

它适用于成批大量生产中铣削中、小型工件的平面。

④龙门铣床。龙门铣床是一种大型高效通用机床,主要用于加工各类大型工件上的平面、沟槽等。可以对工件进行粗铣、半精铣,也可以进行精铣加工。由于在龙门铣床上可以用多把铣刀同时加工工件的几个平面,所以,龙门铣床生产率很高,在成批和大量生产中得到广泛应用。

(2)铣床使用注意事项。

①安装夹具和工件,必须牢固可靠,不得松动。

②拆装立铣刀时,台面应垫木块,不得用手托刀盘。

③铣削中,头和手不得靠近铣削面,高速切削时应设防护

挡板。

④清除切屑应在停车后用毛刷进行,不得用手抹、嘴吹。

⑤对刀时,必须慢速进刀,当刀接近工件时,应换用手动摇进。

⑥进刀不宜过猛,自动走刀时必须脱开手轮,不得突然改变进刀速度。

⑦铣削进给应在刀具与工件接触前进行,并应预先调整好限位撞块。

⑧快速行程,要在各有关手柄脱开后方可进行。

⑨正在走刀时,不得停车,铣深槽时应先停车后退刀。

9. 车床

(1)车床的用途和分类。

①车床的用途。车床类机床主要用于加工各种回转表面,如内外圆柱表面、圆锥表面、成形回转表面和回转体的端面等,有些车床还能加工螺纹面。由于大多数机器零件都具有回转表面,车床的通用性又较广,因此在一般机器制造厂中,车床的应用极为广泛,在金属切削机床中所占的比重最大,约占机床总台数的 20%~35%。

在车床上使用的刀具,主要是各种车刀,有些车床还可以采用各种孔加工刀具(如钻头、扩孔钻、铰刀等)和螺纹刀具(丝推、板牙等)进行加工。

②车床的分类。车床的种类很多,按其结构和用途的不同,主要可分为:卧式车床及落地车床;立式车床;转塔车床;单轴自动车床;多轴自动和半自动车床;仿形车床及多刀车床;专门化车床,例如凸轮轴车床、曲轴车床、车轮车床、铲齿车床等。

(2)车床使用注意事项。

①车床的相互位置,应使卡盘的旋转平面错开一定距离,以防发生物件飞落时伤害相邻机床的操作人员。

②加工较长物件时,卡盘前面伸出部分不得超过工件直径的 25 倍,并应有顶尖支托,床头箱后面伸出部分,超过 300mm 时,必须加装托架,必要时装设防护栏杆。

③自动、半自动车床气动卡盘使用压缩空气的压力,不应低于规定值。

④装卸卡盘时,床面应垫木板或采取其他保护措施。不得用启动运转的方法来装卸。滑丝的卡盘不得使用。

⑤工件安装应牢固,增加夹固力可用接长套管进行,不得敲打扳手,装卸工件后,应立即取下扳手。

⑥立式车床在加工外圆超过卡盘的工件时,必须有防止立柱、横梁碰撞伤人的安全措施。

⑦切削韧性金属时应事先采取断屑措施。

⑧用锉刀光磨工件时,应右手在前,左手在后,身体离开卡盘,并将刀架放在安全位置。不得用砂布裹在工件上磨光,但可比照用锉刀的方法成直条状压在工件上砂磨。

⑨车内孔时,不得用锉刀倒角,用砂布光磨内角时,不得用手指伸进孔内打磨。

⑩加工偏心工件时,必须用专用工具。不得一手扶攻丝架(或扳牙架),一手开车。

⑪攻丝或套丝时,必须用专用工具。不得一手扶攻丝架(或扳牙架),一手开车。

⑫切断大料时,应留有足够余量,卸下后砸断;切断小料时,不得用手接料。

⑬高速切削重大工件时,不得紧急制动,或突然旋转方向。

⑭加工较重的工件停歇时,工件下必须用托木支撑。

⑮自动、半自动车床作业前应将防护挡板安装好。严禁用锉刀、刮刀、砂布等光磨工件。

⑯车床运转中如遇停电时,应及时退出刀具,并切断电源。

10. 钻床

(1)钻床的用途和分类。

钻床是孔加工用机床,主要用来加工外形较复杂,没有对称回转轴线的工件上的孔,如箱体、机架等零件上的各种用途的孔。在钻床上加工时,工件不动,刀具做旋转主运动,同时沿轴向移动,完成进给运动。钻床可完成钻孔、扩孔、铰孔、平面、攻螺纹等工作。钻床主参数是最大钻孔直径。

钻床可分为:立式钻床、台式钻床、摇臂钻床、深孔钻床及其他钻床等。

以立式钻床为例,见图1-35。

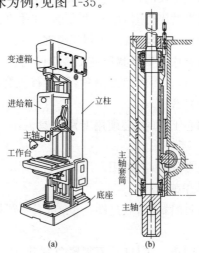

变速箱

进给箱

立柱

主轴

工作台

底座

主轴套筒

主轴

(a)　　　　(b)

图 1-35　立式钻床

在立式钻床上,加工完一个孔后再钻另一个孔时,需要移动工件,使刀具与另一个孔对准,对于大而重的工件,操作很不方便。因此,立式钻床仅适用于在单件、小批生产中加工中、小型零件。

立式钻床除上述的基本品种外,还有一些变型品种,较常用的有可调式和排式。可调式多轴立式钻床主轴箱上装有很多主轴,其轴心线位置可根据被加工孔的位置进行调整。加工时,主轴箱带着全部主轴对工件进行多孔同时加工,生产率较高。排式多轴钻床相当于几台单轴立式钻床的组合。它的各个主轴用于顺次地加工同一工件的不同孔径或分别进行各种孔加工工序,如钻、扩、铰和攻螺纹等。由于这种机床加工时是一个孔一个孔地加工,而不是多孔同时加工,所以它没有可调式多轴钻床的生产率高。

但它与单轴立式钻床相比,可节省更换刀具的时间。这种机床主要用于中小批生产中。

(2)钻床使用注意事项。

①工件夹装必须牢固可靠,钻小件时,应用工具夹持,不得手持工件进行钻孔。薄板钻孔时,应用虎钳夹紧并在工件下垫好木板,使用平头钻头。

②钻通孔时,加工件必须卡紧上牢,工件下面垫好木板或对准工作台上的坑槽,然后方可加工,不得损坏工作台。

③钻深孔时,铁屑不易退出,应退出钻头,经清除后再继续钻深。

④钻工件时严禁操作人员将头部靠近旋转的钻头或镗杆,严禁戴手套操作。

⑤钻头未停止运转时,不准送进或拿取工件。

⑥发生停电或故障停车时应及时将钻头退出工件,拉闸断

电。工作完毕后将操作手柄放回零位,卸下钻头,断电拉闸,清除铁屑。

⑦使用摇臂钻时应遵守下列要求:

a.使用摇臂钻时,横臂必须卡紧,横臂回转范围内,不得有障碍物。

b.手动进钻、退钻时,应逐渐增压或减压,不得用管子套在手柄上加压进钻。

c.排屑困难时,进钻、退钻应反复交错进行。

d.钻头上绕有长屑时,应在停转后用铁钩或刷子清除,严禁用手拉或嘴吹。

e.精铰深孔,以量棒测量或拔取量棒时,不可用力过猛,避免手撞刀具。

f.严禁用手触摸旋转中的刀具和将头靠近机床旋转部分,不得在旋转着的刀具下,翻转、卡压或测量工件。

g.摇臂钻作业后,应将横臂降到最低位置,主轴靠近主柱,并卡紧。

第2部分 金属工岗位操作技能

一、门窗制作与安装

1. 铝合金门制作

(1)门扇选料与下料:选料与下料时应注意以下几个问题。

①选料时要充分考虑表面色彩、塑性、壁厚等因素,以保证足够的刚度、强度和装饰性。

②每一种铝合金型材都有其特点和使用部位,如推拉平开、自动门所采用的型材规格各不相同。确认材料及其使用部位后,要按设计尺寸进行下料。

③在一般装饰工程中,铝合金门窗无详图设计,仅仅给出洞口尺寸和门扇划分尺寸。门扇下料时,要在门洞口尺寸中减去安装缝、门框尺寸,其余按扇数均分调整大小。要先计算,画简图,然后再按图下料。下料原则是:竖梃通长满门扇高度尺寸,横档截断,即按门扇宽度减去两个竖梃宽度。

④切割时,切割机安装合金锯片,严格按下料尺寸切割。

(2)门扇组装:组装门扇按以下工序进行。

①竖梃钻孔。在上竖梃拟安装横档部位用手电钻钻孔,用螺栓连接钻孔,孔径大于螺栓直径。角铝连接部位靠上或靠下,视角铝规格而定,角铝规格可用 22mm×22mm,钻孔可在上下10mm 处,钻孔直径小于自攻螺钉。两边梃的钻孔部位应一致,否则将使横档不平。

②门扇节点固定。上、下横档(上、下冒头)一般用套螺纹的钢筋固定,中横档(冒头)用角铝自攻螺钉固定。先将角铝用自攻螺钉连接在两边梃上,上、下冒并没有中穿入套扣钢筋;套口钢筋从钻孔中深入边梃,中横档再用手电钻上下钻孔,自攻螺钉拧紧。

③锁孔和拉手安装。在拟安装的门锁部位用手电钻钻孔,再介入曲线锯切割成锁孔形状。在门边梃上,门锁两侧要对正,为了保证安装精度,一般在门扇安装后再装门锁。

(3)门框制作。

①选料与下料。视门大小选用 50mm×70mm、50mm×100mm、100mm×25mm 门框梁,按设计尺寸下料。具体做法同门扇制作。

②门框钻孔组装。在安装门的上框和中框部位的边框上,钻孔安装角铝,方法同门扇。然后将中、上框套在角铝上,用自攻螺钉固定。

③设连接件。在门框上,左右设扁铁连接件,扁铁件与门框上用自攻螺栓拧紧,安装间距为 150~200mm,视门料情况与墙体的间距。扁铁做成平的 Ⅱ 字形。连接方法视墙体内埋件情况而定。

2. 铝合金窗制作

(1)铝合金窗的下料。

①下料时应根据铝合金窗设计图纸的规格、尺寸,结合所用铝合金型材的长度,长短搭配,合理用料,尽量减少短头废料。

②下料时同一批料要一次下齐,要求表面氧化膜或涂层颜色的一致。

③下料时,应考虑窗框加工制作的尺寸,比已留好的窗洞尺

寸每边小 20～25mm。

（2）钻孔。

铝合金窗的各杆件是采用螺钉、铝拉钉进行固定的，因此窗的连接部位均需进行钻孔。在钻孔前应在型材上准确地画好孔位线，并核对无误后才进行钻孔。

（3）组装。

①铝合金窗的组装方式有 45°角对接、直角对接、垂直插接三种。

②上亮部分的扁方管型材，通常采用铝角码和自攻螺钉连接。

（4）推拉窗窗框组装。

先量上滑道上面的两条固紧槽孔距侧边的距离和高低尺寸，再按此尺寸在窗框边封上部衔接处画线钻孔，孔径 4.5mm左右。然后将碰口胶垫置于边封的槽口内，再用 M4×35mm自攻螺钉通过边封上的孔和碰口胶垫上的孔，旋进上滑道上的固紧槽孔内。最后在边封上装上毛条。按同样的方法装下滑道。固定时不得将位置装反，下滑道的轨道面一定要与上滑道相对应才能使窗扇在上下滑道上滑动。

（5）推拉窗扇组装。

①在窗扇的边框和带钩边框上、下两端处进行切口处理，上端切口长 51mm，下端切口长 76.5mm。

②在窗扇边框与下横衔接端各钻 3 个孔，上下两孔是连接固定孔，中间的孔是调节滑轮框上调整螺钉的工艺孔，并在窗扇边框或带钩边框上做出上、下切口，固定后边框下端与下横底边齐平。

③安装上横档角码和窗扇钩锁。

④上密封毛条，装窗扇玻璃。

（6）平开窗的组装。

组装程序：平开窗框组装→平开窗扇组装→框、扇横竖工料连接→五金零件组装。

①窗框组装。一般平开铝合金窗框的对角处为45°角拼接，步骤是：在窗框内插入铝角→每边钻两个孔→螺钉固定。拼装前先装密封条。

②窗扇组装。平开窗扇框、玻璃压条、连接角码并采用45°角插角连接。

③窗框、扇横竖工料的连接。窗框、扇横竖工料连接是采用榫接拼合，在组装前要进行榫头、榫孔的加工制作。榫接有平榫肩法和斜榫肩法两种。一般是在中间的竖向窗工料上做榫头，在横向窗工料上做榫孔。

（7）平开窗五金配件组装。

①外开式滑轴平开窗、滑轴上悬窗应采用不锈钢滑撑，固定端用不锈钢抽芯铆钉连接。

②执手的安装位置，一般应符合以下规定：

窗框洞口净高度：$d_2 > 700 \sim 850\text{mm}$，安装双联执手，安装高度 $h = 230\text{mm}$；

$d'_2 > 700 \sim 850\text{mm}$ 时，安装双联执手，安装高度 $h = 230\text{mm}$；

$d'_2 > 850\text{mm}$ 安装双联执手，安装高度 $h = 260\text{mm}$；

上悬亮窗扇宽度：$e'_2 \leqslant 900\text{mm}$ 时，安装一只执手，位置为扇下梃中间 $1/2e'_2$；

$e'_2 > 900\text{mm}$ 时，安装左、右两只执手，位置为扇下梃各距两端 200mm。

3. 铝合金门窗安装

（1）弹线定位。

沿建筑物全高用大线坠(高层建筑宜用经纬仪找垂直线)引测门窗,在每层门窗口处画线标记,并逐层抄测门窗洞口距门窗边线实际距离,需要进行处理的应记录和标识。

门窗的水平位置应以楼层室内+0.5m 的水平线为准向上反量出窗下皮标高,弹线找直。每层必须保持窗下皮标高一致。

墙厚方向的安装位置应按设计要求和窗台板的宽度确定。原则上以同一房间窗台板外露尺寸一致为准,窗台板应伸入铝合金窗下 5mm。

(2)门窗洞口处理。

门窗洞口偏位、不垂直、不方正的要进行剔凿或抹灰处理。

(3)防腐处理。

门窗框四周外表面有防腐处理设计要求时,按设计要求处理。如果设计没有要求时,可涂刷防腐涂料或粘贴塑料薄膜进行保护,以免水泥砂浆直接与铝合金门窗表面接触,产生电化学反应,腐蚀铝合金门窗。

安装铝合金门窗时,如果采用连接铁件固定,则连接铁件、固定件应采用不锈钢件。否则必须进行防腐处理,以免产生电化学反应,腐蚀铝合金门窗。

(4)铝合金门窗框的固定。

在安装制作好的铝窗、门框时,吊垂线后要卡方。待两条对角线的长度相等,表面垂直后,将框临时用木楔固定,待检查立面垂直、左右间隙、上下位置符合要求后,再将框固定在结构上。

①当门窗洞 13 系预埋铁件,安装框子时铝框上的镀锌铁脚,可直接用电焊焊牢于预埋件上。焊接操作时,严禁在铝框上接地打火,并应用石棉布保护好铝框。

如洞口墙体上已预留槽口,可将铝框上的连接铁脚埋入槽口内,用 C25 级细石混凝土或 1:2 水泥砂浆浇填密实。

②当门窗洞口为混凝土墙体但未预埋铁件或预留槽口时，其门窗框连接铁件可用射钉枪射入 $\phi4\sim\phi5mm$ 射钉紧固(图2-1)。连接铁件应事先用镀锌螺钉铆固在铝框上。

如门窗洞口墙体为砖砌结构，应用冲击电钻钻入不小于 $\phi10mm$ 的深孔，用膨胀螺栓紧固连接件(图2-2)。不宜采用射钉连接。

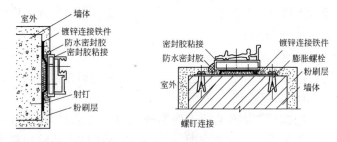

图 2-1　铝框连接件射钉锚固示意图　　图 2-2　膨胀螺栓紧固连接件

③自由门地弹簧安装，采用地面预留洞口，门扇与地弹簧安装尺寸调整后，应浇筑 C25 级细石混凝土固定。

④铝门框埋入地面以下应为 20~50mm。

⑤组合窗框间立柱上下端应各嵌入框顶和框底的墙体(或梁)内 25mm 以上。转角处的主柱其嵌固长度应在 35mm 以上。

⑥门窗框连接件采用射钉、膨胀螺栓、钢钉等紧固时，其紧固件离墙(或梁、柱)边缘不得小于 50mm，且应错开墙体缝隙，以防紧固失效。

(5)门窗框与墙体间缝隙的处理。

铝合金门窗安装固定后，应先进行隐蔽工程验收，合格后及时按设计要求处理门窗框与墙体之间缝隙。如果设计未要求时，可采用发泡胶填塞缝隙，亦可采用弹性保温材料或玻璃棉毡条分层填塞,外表面留 5～8mm 深槽口填嵌嵌缝油膏或密封胶。

若门窗框侧边已进行防腐处理,也可填嵌低碱性水泥砂浆或低碱性细石混凝土。铝合金窗应在窗台板安装后将上缝、下缝同时填嵌,填嵌时不可用力过大,防止窗框受力变形。

(6)门窗安装。

①在土建施工基本做完的情况下方可进行安装。应合理安排进度。

②平开窗扇安装前,先固定窗铰,然后将窗铰与窗扇固定,框装扇必须保证窗扇立面在同一平面内,要达到周边密封,启闭灵活。

③如果安装门扇,下面安装地弹簧,可向内外自由开闭。

(7)安装玻璃。

①裁玻璃。按照门、窗扇的内口实际尺寸,合理计划用料,裁割玻璃,分类堆放整齐,底层垫实找平。

②安装玻璃。当玻璃单块尺寸较小时,可以用双手夹住就位。如果玻璃尺寸较大,为便于操作,往往用玻璃吸盘。玻璃应该摆在凹槽的中间,内、外两侧的间隙应不少于 2mm。

(8)五金配件安装。

五金配件与门窗连接用镀锌螺钉。安装的五金配件应结实牢固,使用灵活。

(9)清理。

铝合金门、窗交工前,应将型材表面的塑料胶纸撕掉。

如果发现塑料胶纸在型材表面留有胶痕和其他污物,可用单面刀片刮除擦拭干净。也可用香蕉水清洗干净。

4.涂色镀锌钢板门窗安装

涂色镀锌钢板门窗是一种新型金属门窗,是以彩色镀锌钢板和 3～5mm 厚平板玻璃或中空双层钢化玻璃为主要材料,经机械加工而制成。门窗四角用插接件插接,玻璃与门窗交接处及门窗框与扇之间的缝隙,全部用橡胶条、玛蹄脂密封,或油灰及其他建筑密封膏密封。它具有质量轻、强度高、采光面积大、防尘、隔声、保温、密封性能好、造型美观、款式新颖、耐腐蚀、寿命长等特点。主要适用于商店、超级市场、实验室、教学楼、办公楼、高级宾馆与旅社、各种影剧院及民用住宅、高级建筑。

彩色涂层钢板门窗按其构造有两种形式。一是带副框彩色涂层钢板门窗安装节点,适用于外墙面为大理石、玻璃马赛克、瓷砖,各种面砖等材料,或门窗与内墙面需要平齐的建筑,先装副框后装门窗。二是不带副框安装节点。适用于室外为一般粉刷建筑,门窗与墙体直接连接。但洞口粉刷成型尺寸必须准确。故安装方法有两种。

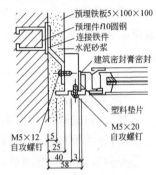

图 2-3　彩色涂层带副框门窗安装节点

(1)带副框门窗安装。

彩色涂层带副框门窗安装节点(图 2-3)。

①按门窗图纸尺寸在工厂组装好副框,运到施工现场,用 TC4.2×12.7 的自攻螺钉,将连接件铆固在副框上。

②将副框装入洞口的安装线上,用对拔楔初步固定。

③校对副框正、侧面垂直度和对角线合格后,对拔楔应固定牢靠。

(2)不带副框的门窗安装。

①室内、外及洞口应粉刷完毕。洞口粉刷后的成型尺寸应

略大于门窗外框尺寸,其间隙宽度方向 3～5mm,高度方向5～8mm。

②按设计图的规定在洞口内弹好门窗安装线。

③按门窗外框上膨胀螺栓的位置,在洞口相应位置的墙体上钻膨胀螺栓孔。

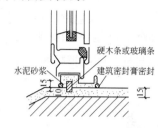

图 2-4　带副框下框底安装节点

④将门窗装入洞口安装线上,调整门窗的垂直度、水平度和对角线合格后,以木楔固定。门窗与洞口用膨胀螺栓连接,盖上螺钉盖。门窗与洞口之间的缝隙,用建筑密封膏密封(图 2-4)。

⑤竣工后剥去门窗上的保护胶条,擦净玻璃及框扇。

此外,亦可采用"先安装外框后做粉刷"的工艺,其做法:门窗外框先用螺钉固定好连接铁件,放入洞口内调整水平度、垂直度和对角线,合格后以木楔固定,用射钉将外框连接件与洞口墙体连接,框料及玻璃覆盖塑料薄膜保护,然后进行室内外装饰。砂浆干燥后,清理门窗构件装入内扇。清理构件时切忌划伤门窗上的涂层。

5. 塑料门窗制作

(1)塑料门窗的下料。

①确定塑料门窗框的尺寸。门、窗框尺寸由建筑设计图上的门窗洞口尺寸决定。

门的构造尺寸应符合下列要求:

门边框与洞口间隙应符合规定;无下框平开门门框的高度应比洞口高度大 10～15mm;带下框平开门或推拉门门框高度应比洞口高度小 5～10mm。

　　由于塑料门、窗框都是焊接成型,焊接时不用焊条,而是母体材料熔化焊接,所以下料时要考虑适当增加长度。一般门、窗下料的尺寸应比其边长加长4~6mm。

　　②门、窗扇的下料尺寸。门、窗的下料尺寸应根据门、窗框的外形尺寸、型材种类,门、窗扇的型材的外形尺寸,以及门、窗扇与框之间的搭接量(一般半开门、窗为8~9mm/边,推拉门、窗为8~10mm/边)和缝隙(一般为5mm),计算门、窗扇的外形尺寸,再加上焊缝消耗量(每端2~3mm),算出实际的下料长度。

　　③玻璃压条下料尺寸。玻璃压条的下料尺寸为:理论长度加上适当的长度。

　　(2)塑料门、窗的型材切割。

　　门、窗框扇切割时,根据已算好的框、扇的下料尺寸,用切割机将边框型材切成两端均为45°角的斜面料段。且V形榫头与V形榫口的角度完全一致,榫头长度与榫口深度必须完全相同。

　　(3)铣排水孔和气压平衡孔。

　　外墙上的外门、外窗的每块玻璃的下边框型材上都应开有内、外排水槽,在框、扇型材内部形成雨水排放通道,以排放从玻璃与框、扇之间,框与扇之间的缝隙渗入室内一侧的雨水;在每块玻璃的上边框型材上部,都应钻有气压平衡孔,以平衡框、扇两边的气压,保证排水孔的排水畅通。

　　(4)装加强筋。

　　当窗构件符合下列情况之一时,其内腔必须加衬增强型钢。

　　①平开窗。窗框构件长度等于或大于1300mm时,窗扇长度等于或大于1200mm时;中横框和中竖框构件长度等于或大于900mm时;采用小于50系列的型材,窗框构件长度等于或大于1000mm,窗扇构件长度等于或大于900mm时;安装五金配

件的构件。

②推拉窗。窗框构件长度等于或大于 1300mm 时;窗扇边框厚度为 45mm 以上的型材,长度等于或大于 1000mm 时;厚度为 25mm 以上的型材,长度等于或大于 900mm 时;窗扇下框长度等于或大于 700mm,滑轮直接承受玻璃重量的不加衬增强型钢;安装五金配件的构件。

(5)塑料门、窗框、扇的焊接。

门、窗的框、扇型材暴露在室内外两侧的焊缝;框、扇四角的外角处应清理出 5mm×45°的倒角;框扇及分格型材的内角处;以及影响美观和软密封条装配的槽内焊缝等都应进行清理。

(6)装五金配件。

平开窗要装合页(插锁式或联杆式)、执手。当窗扇高度大于 900mm 时,应采用带两点锁的执手;推拉窗要装推拉窗滚轮、推拉窗锁(锁钩应用不锈钢作);平开门要装平开门合页、平开门锁。

(7)嵌密封条。

密封条的规格、材质应符合设计和规范要求。

(8)装玻璃。

①安装玻璃前应按设计准备好玻璃、玻璃压条、窗角槽板及玻璃承重垫块和定位垫块等材料。

②边框上的定位垫块应采用聚氯乙烯胶粘剂固定。以防止因运输、安装及温度变化而移位。玻璃垫块宜用硬质 PVC 塑料、ABS 塑料或邵氏硬度 D 为 70～90 的橡胶模注成型,其宽度应比排水槽小 0.2～0.3mm,厚度×长度一般为 3mm×100mm。位置应距窗扇或框拐角处 100mm。不得使用硫化再生橡胶、木片及其他吸水材料。

③塑料门窗采用干法镶嵌玻璃,即用附有弹性密封条的玻

璃压条异型材卡固玻璃。先在扇框上密封条沟槽内嵌入玻璃密封条,然后在扇框型材凹槽内摆放玻璃垫块及窗角槽板,放上玻璃,再用装有密封条的玻璃压条将玻璃固定。

🌙 6.塑料门窗安装

(1)固定片安装。

①将不同型号、规格的塑料门窗搬到相应的洞口旁竖放。补贴脱落的保护膜,在窗框上划中线。检查门窗框上下边的位置及内外朝向,安装固定片,固定片采用厚度大于 1.5mm、宽度大于或等于 15mm 的镀锌钢板。安装时应采用直径 $\phi 3.2mm$ 的钻头钻孔,然后将十字槽盘头自攻螺钉 M4×20mm 拧入,不得直接锤击钉入。

②固定片的位置应距离窗角、中竖框、中横框至少 150～200mm,固定片之间的距离小于或等于 600mm,不得将固定片直接装在中横框、中竖框的档头上。

(2)临时固定。

当门窗框装入洞口时,其上下框中线与洞口中线对齐。无上下框应使两边低于标高线 10mm。然后将门窗框用木楔临时固定,并调整门窗框的垂直度、水平度和直角度。

(3)与墙体连接固定。

当门窗框与墙体固定时,应按对称顺序,先固定上下框,然后固定边框,固定方法应按照下列要求。

①混凝土墙洞口采用射钉或塑料膨胀螺栓固定。

②砖墙洞口应采用塑料膨胀螺栓或水泥钉固定,并不得固定在砖缝处。

③加气混凝土洞口应采用木螺钉将固定片固定在预埋胶粘圆木上。

④设有防腐木砖墙面,用木螺钉固定片固定在防腐木砖上。

⑤设有预埋铁件的洞口应采用焊接方法固定,也可先在预埋件上按紧固件规格打基孔,然后将紧固件固定。

(4)膨胀螺栓直接固定法。

用膨胀螺栓直接穿过门窗框将框固定在墙体或地面上的方法,此方法适用于阳台封闭窗框及墙体厚度小于 120mm 安装门窗框时使用。

①安装时先将门窗框在洞口放好、找正,并临时固定。

②用 ϕ5mm 钻头在门窗框各固定点的中心钻孔,穿过框材直接钻到墙体上留下钻孔痕迹(钻孔位置及间距仍按固定片法),然后取下门窗框,再用 ϕ12mm 的冲击钻按墙上留下的钻孔痕迹继续钻 ϕ12mm 的孔,深约 50mm。

③清除孔内粉末后放入 ϕ12mm 塑料套,再将门窗框重新放入原来洞口中,对准画线,重新找正位置并用木楔临时固定,然后按对称顺序拧入膨胀螺栓。

④窗框安装固定后在窗内侧固定螺栓孔位置处装上白色塑料盖,并在塑料盖周边涂上密封胶,防止雨水侵入窗框内腐蚀钢衬。

(5)安装组合门窗时,拼樘料与洞的连接。

①当拼樘料与砖墙连接时,应先将拼樘料两端插入预留洞中,然后用强度等级为 C20 的细石混凝土浇筑。

②将两门窗框与拼樘料卡接,卡接后应用紧固件双向拧紧,其间距小于或等于 600mm,紧固件端头及拼樘料与门框间的缝隙应用密封胶密封。

(6)嵌缝。

门窗框与洞口之间的伸缩缝内腔应采用闭孔泡沫塑料、发泡聚苯乙烯等弹性材料分层填塞;用保温隔声材料填充。

(7)门窗洞口内外侧与门窗框之间缝隙处理。

①普通玻璃门、窗:洞口内外侧与门窗框之间用水泥砂浆等抹平。靠近铰链一侧,灰浆压住门窗框的厚度以不影响门扇的开启为限,待抹灰硬化后,外侧用密封胶密封。

②保温、隔声门窗:洞口内外侧水泥砂浆等抹平,外侧抹灰时应用片材将抹灰层与门窗框临时隔开,其厚度为 5mm,抹灰层应超出门窗框,其厚度以不影响扇的开启为限。待外抹灰层硬化后撤去片材,用密封胶进行密闭。

门窗框上若粘有水泥砂浆,应在其硬化前,用湿布擦拭干净,不得使用硬质材料刮铲门窗框表面。

(8)五金附件安装。

门锁、执手、纱窗铰链等五金附件在水泥砂浆硬化后进行安装。安装时先用电钻钻孔,再用自攻螺钉拧入,禁止用铁锤或硬物敲打,防止损坏框料。

7. 卷帘门安装

卷帘门按传动方式可以分为电动(D)、遥控电动(YD)、手动(S)、电动及手动(DS)四种形式;按照外形可分为鱼鳞状、直管横格、帘板、压花帘板等四种形式;按性能可分为普通型、防火型和抗风型;按材质可分为合金铝、电化合金铝、镀锌铁板、不锈钢板、钢管及钢筋。

卷帘门安装应注意以下几点。

(1)复核洞口与产品尺寸是否相符。防火卷帘门的洞口尺寸,可根据 $3M_0$ 模制选定。一般洞口宽度不宜大于 5m,洞口高度也不宜大于 5m。并复核预埋件位置及数量。确认门洞口尺寸及安装施工(内侧、外侧及中间安装)。墙体洞口为混凝土时,应在洞口设预埋件,然后与导轨、轴承架焊接连接;墙体洞口为砖砌体时,可采用钻孔埋设胀锚螺栓与导轨、轴承架连接。

(2)确定安装水平线及垂直线,按设定尺寸依次安装。槽口尺寸应准确,上下保持一致,对应槽口应在同一平面内,然后用连接件与洞口内的预埋件焊牢。

(3)卷门机必须按说明书要求安装。

(4)卷轴、支架板必须牢固地装在混凝土结构上或预埋件上。

(5)宽大门体需在中间位置加装中柱,两边有滑道。中柱安装必须与地面垂直,安装牢固,但要拆装方便。

(6)门体叶片插入滑道不得少于 30mm,门体宽度偏差为±3mm。

(7)防火卷帘门水幕系统装在防护罩下面,喷嘴倾斜15°角。

(8)安装完毕,先手动调整试运行,观察门体上下运行情况。正常后通电调试。

(9)观察卷帘机、传动系统、门体运行情况。应启闭正常、顺畅,速度为3~7m/min。

(10)调整制动器外壳方向,使环形链朝下;调整链条张紧度,链条 6~10mm;调整单向调节器及限位器。

(11)卷筒安装应先找好尺寸,并使卷筒轴保持水平位置,注意与导轨之间的距离应两端保持一致,临时固定后进行检查,并进行必要的调整、校正,无误后再与支架预埋件用电焊焊接。

(12)清理:粉刷或镶砌导轨墙体装饰面层,清理现场。

8.钢质防火门安装

(1)画线定位。

按设计图纸规定的门在洞口内的位置、标高,在门洞上弹出门框的位置线和标高线。

（2）门框就位。

将门框放入洞口内已弹好的位置、标高线所定的安装位置上，并用木楔临时固定。

（3）检查调整。

检查门框的标高、位置、垂直度、开启方向等是否符合设计和规范要求。对不符合要求的进行调整。

（4）固定门框。

用焊接的方法将连接铁角与门洞口上的预埋铁件焊接，或用射钉将连接铁角与门洞口的混凝土壁连接等，使门框在门洞内固定牢固。

（5）塞缝。

塞缝的嵌填材料应符合设计要求，嵌填要密实，平整。

（6）安装门扇。

可先把合页临时固定在钢质防火门的门扇的合页槽内，然后将门扇塞入门框内，将合页的另一页嵌入门框的合页槽内，经调整无误后，拧紧固定合页的全部螺钉。

（7）清理。

交工前应撕去门框、扇表面的保护膜或保护胶纸，擦去污物。

（8）钢质防火门的安装质量要求。

①钢质防火门的性能应符合设计要求。

②钢质防火门的品种、类型、规格、尺寸、开启方向、安装位置、标高、防腐处理应符合设计要求。

③带有机械、自动、智能化装置的钢质防火门，其机械、自动或智能化装置的功能应符合设计和有关规定的要求。

④钢质防火门的五金配件应齐全，位置应正确，安装应

牢固。

　　⑤门扇应开关灵活,无阻滞回弹和倒翘现象。

▶ 9.防盗门安装

　　(1)防盗安全门的安装应根据所采用防盗门的种类,采取相适应的安装方法。

　　(2)防盗安全门的门框可采用膨胀螺栓与墙体固定;也可在砌筑墙体时在洞口处预埋铁件,安装时与门框连接焊接。

　　(3)门框与墙体不论采用何种方式连接,每边均不应少于 3 个连接点,且应牢固连接。

　　(4)安装防盗安全门前应先测量洞口的规格尺寸,是否与防盗安全门的外框尺寸相符,如发现门洞尺寸小于防盗门的规格,应将其剔凿至需要的尺寸。

　　(5)安装防盗安全门时应先找直、吊正,尺寸合适后用木楔将其临时固定,并进行调整、校正。调整时应以门扇外表表面为基准平面,检验铁门框安装后是否与门扇平行,如果门框不平行门扇,应调整木楔,直至门框与门扇平行为止,无误后方可进行连接锚固。

　　(6)有的防盗安全门的门框需在框内填充水泥,以提高防盗门的防撬效果。填充水泥前应先把门关好,并将门扇开启面,门框与门扇之间的防漏孔塞上塑料盖后,方可填充水泥。填充水泥不能过量,否则会使门框变形,影响门的开启,填充水泥 4h 后,轻轻打开门扇,用螺丝刀将框内水泥按锁孔部位抠净。

　　(7)推拉式防盗门安装后应推拉灵活;平开门应开启方便,关闭严密牢固。

　　(8)安全防盗门的拉手、门锁、观察孔等五金配件必须齐全;

多功能防盗门上的密码护锁、电子密码报警系统、门铃传呼等装置,必须有效、完善。

10. 防火、防盗门安装注意事项

(1)防火、防盗门的质量和各项性能应符合设计要求。

(2)防火、防盗门的品种、类型、规格、尺寸、开启方向、安装位置及防腐处理应符合要求。

(3)带有机械装置、自动装置或智能化装置的防火、防盗门,其机械装置、自动装置或智能化装置的功能应符合实际要求和有关标准的规定。

(4)防火、防盗门的安装必须牢固。预埋件数量、位置、埋设方式、与框的连接施工必须符合设计要求。

(5)防火、防盗门的配件应统一,位置应正确,安装应牢固,功能应满足使用要求和特种门的各项性能要求。

(6)防火、防盗门的表面装饰应符合设计要求。

(7)防火、防盗门的表面应洁净、无划痕、碰伤。

(8)防火、防盗门采用带面漆的成品门时,门框固定前应对门表面贴保护膜进行保护,防止灰浆污染。待墙面装修完成后,方可揭保护膜。

(9)防火、防盗门面漆为后做时,应对装修后的墙面进行保护(可贴50mm宽纸条)。

(10)钢质门安装时,应采取措施,防止焊接作业时电焊火花损坏周围材料。

(11)钢质防火门应贮存在通风干燥处,同时应有防晒、防潮、防腐措施。钢门平放时,底部须垫平,门框垛码放高度不得超过1.5m;门扇堆放高度不得超过1.2m;钢门竖放时,其倾斜角不得大于20°。

二、吊顶与隔墙、隔断安装

1. 轻钢龙骨吊顶安装

(1)轻钢龙骨吊顶的构造。

吊顶骨架的组合可以是双层构造,也可以是单层构造。双层构造中的次龙骨、横撑龙骨、小龙骨(或一种龙骨的纵向与横向布置)等 C 形覆面龙骨紧贴主龙骨(U 形或 C 形大龙骨、承载龙骨)的底面安装吊挂;单层构造的吊顶骨架,无论大、中、小龙骨的布置,均在同一水平面,根据工程实际,也可以不采用大龙骨而以中龙骨进行纵横装设。

U 形(或 C 形)承载大龙骨的中距及吊点间距,不同装饰构造的吊顶其配套材料的要求由设计区别确定。在一般情况下,双层轻钢 U、C 形龙骨骨架,大龙骨中距应小于或等于1200mm,吊点间距也应小于或等于 1200mm,中龙骨中距为500～1500mm(根据罩面板拼接情况具体确定);单层吊顶构造的主龙骨中距为 400～500mm. 吊点间距为 800～1500mm。

单层吊顶的构造在室内装修中应用甚广,见图 2-5. 主要有构造简单,并能在同样吊顶高度效果之下争取到比双层构造更大的吊顶上部空间,而给吊顶内的管道敷设等提供更有利的条件。

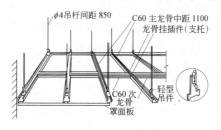

图 2-5 轻钢龙骨单层吊顶

（2）放线。

①确定标高线。定出地面的基准线，原地坪无饰面要求，基准线为原地平线，如原地坪有饰面要求，基准线则为饰面后的地坪线。

以地坪基准线为起点，根据设计要求在墙（柱）面上量出吊顶的高度，在该点画出高度线（作为吊顶的底标高）。

用一条灌满水的透明软管，一端水平面对准墙（柱）面上的高度线，另一端在同侧墙（柱）面找出另一点，当软管内水平面静止时，画下该点的水平面位置，连接两点即得吊顶高度水平线，此放线的方法称为"水柱法"。确定标高线时，应注意一个房间的基准高度线只能用一个，见图 2-6。

或采用水平仪等方法，根据吊顶设计标高在四周墙壁或柱壁上弹线，弹线应准确、清晰，其水平允许偏差为±5mm。按吊顶设计标高线再分别确定并弹出次龙骨和主龙骨所在位置的平面基准线。

②确定吊点位置。按每平方米一个均匀布置。

（3）固定吊点、吊杆。

①吊点。常采用膨胀螺栓、射钉、预埋铁件等方式。

②吊杆与结构的固定方法基本上有三种形式：

第一，对于板或梁上预留吊钩预埋件。即将吊杆与预埋件焊接、勾挂、拧固或以其他方法连接。

第二，在吊点的位置用冲击钻打膨胀螺栓，然后将膨胀螺栓同吊杆焊接。此种方法可省去预埋件，比较灵活。

第三，用射钉枪固定射钉，如果选用尾部带孔的射钉，将吊杆穿过尾部的孔即可。如果选用不带孔的射钉，宜选择一个小角钢固定在楼板上，另一条边钻孔，将吊杆穿过角钢的孔即可固定，见图 2-7。

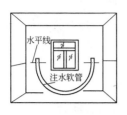

图 2-6 水平标高线的做法

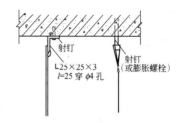

图 2-7 吊杆与结构层固定

吊杆一般采用 $\phi 6 \sim \phi 8$ 的钢筋制作,并做防腐处理,下料时,应计算好吊杆的长度尺寸,如下端要套丝的,要注意丝扣的长度留有余地,以备螺母紧固和吊杆的高度方向调节。

(4)安装主龙骨。

主龙骨与吊杆连接,可采用焊接,也可采用吊挂件连接,焊接虽然牢固,但维修麻烦。吊挂件一般与龙骨配套使用,安装方便。在龙骨的安装程序上,因为主龙骨在上,所以,吊挂件同主龙骨相连,在主龙骨底部弹线,然后再用连接件将次龙骨与主龙骨固定。在主、次龙骨的安装程序上,可先将主龙骨与吊杆安装完毕,然后再依次安装中龙骨、小龙骨。也可以主、次龙骨一齐安装,二者同时进行。至于采用哪些形式,主要视不同部位及吊顶面积大小决定。

轻钢龙骨吊顶组合示意见图 2-8 所示,连接节点见图 2-9。

(5)调平主龙骨。

在安装龙骨前,应根据标高控制线,使龙骨就位并调平主龙骨。只要主龙骨标高正确,中、小龙骨一般不会发生什么问题。

待主龙骨与吊件及吊杆安装就位以后,以一个房间为单位进行调整平直。调平时按房间的十字和对角拉线,以水平线调整主龙骨的平直;也可同时使用 $60\text{mm} \times 60\text{mm}$ 的平直木方条,按主龙骨的间距钉圆钉将龙骨卡住做临时固定,木方两端顶到墙上或梁边,再依照拉线进行龙骨的升降调平。

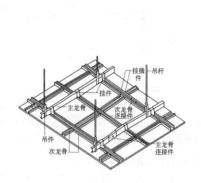

图 2-8　轻钢龙骨吊顶的组合示意

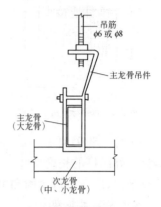

图 2-9　轻钢龙骨吊顶连接节点

较大面积的吊顶主龙骨调平时应注意,其中间部分应略有起拱,起拱高度一般不小于房间短向跨度的 1/200。

(6)固定次龙骨、横撑龙骨。

在覆面次龙骨与承载主龙骨的交叉布置点,可使用其配套的龙骨挂件(或称吊挂件、挂搭)将二者上下连接固定,龙骨挂件下部勾挂住覆面龙骨,上端搭在承载龙骨上,将其 U 形或 W 形腿用钳子嵌入承载龙骨内,见图 2-10。

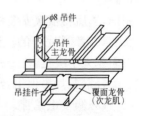

图 2-10　主、次龙骨连接

中龙骨的位置根据大样图按板材尺寸而定,当间距较大(大于 800mm)时,在中龙骨之间增加小龙骨,小龙骨与中龙骨平行,与大龙骨垂直用小吊挂件固定。

固定横撑龙骨。横撑龙骨用中、小龙骨截取,其位置与中、小龙骨垂直,装在罩面板的拼接处,如装在罩面板内部或者作为边龙骨时,宜用小龙骨截取。横撑龙骨与中、小龙骨的连接,采用中、小接插件连接牢固,再安装沿边异形龙骨。

横撑龙骨与中、小龙骨的底面必须平顺,所有接头处不得有下沉,以便于罩面板安装。

横撑龙骨的间距与中龙骨的间距,都必须根据所使用罩面板的每块实际尺寸决定。主、次龙骨长度方向可用接插件连接,接头处要错开。龙骨的安装,一般是按照预先弹好的位置,从一端依次安装到另一端。如果有高低迭级,常规做法是先安装高的部分,然后再安装低的部分。对于检修孔、上人孔、通风箅子等部位,在安装龙骨的同时,应将尺寸及位置留出,将封边的横撑龙骨安装完毕。如果有吊顶下部悬挂大型灯饰,龙骨与吊杆都应做好配合,有些龙骨还需断开,那么,在构造上还应采取相应的加固措施。如若大型灯饰,悬挂最好同龙骨脱开,以便安全使用。如若一般灯具,对于隐蔽式装配吊顶,可以将灯具直接固定在龙骨上。

(7)吊顶罩面板安装。

龙骨安装完毕后要进行认真检查,符合要求后才能安装罩面板。对安装完毕的轻钢龙骨架,特别要检查对接和连接处的牢固性,不得有漏连、虚接、虚焊等现象。以纸面石膏板安装为例。

①纸面石膏板的钉装。

a.板材应在自由状态下就位固定,以防止出现弯棱、凸鼓等现象。

b.纸面石膏板的长边(包封边),应沿纵向次龙骨铺设。

c.板材与龙骨固定时,应从一块板的中间向板的四边循序固定,不得采用在多点上同时作业的做法。

d.用自攻螺钉铺钉纸面石膏板时,钉距以 150～170mm

为宜。

e. 螺钉应与板面垂直。自攻螺钉与纸面石膏板边的距离：距包封边（长边）以 10～15mm 为宜；距切割边（短边）以 15～20mm 为宜。

f. 钉头略埋入板面，但不能致使板材纸面破损。

g. 在装钉操作中，如出现有弯曲变形的自攻螺钉时，应予剔除，在相隔50mm的部位另安装自攻螺钉。

h. 纸面石膏板的拼接缝处，必须是安装在宽度不小于40mm 的 C 形龙骨上；其短边必须采用错缝安装，错开距离应不小于 300mm。

i. 安装双层石膏板时，面层板与基层板的接缝也应错开，上下层板各自的接缝不得同时落在同一根龙骨上。

②嵌缝处理。整个吊顶面的纸面石膏板铺钉完成后，应进行检查，并将所有自攻螺钉的钉头涂刷防锈涂料，然后用石膏腻子嵌平。此后即做板缝的嵌填处理，其程序如下：

a. 清扫板缝。用小刮刀将嵌缝石膏腻子均匀饱满地嵌入板缝，并在板缝处刮涂约 60mm 宽、1mm 厚的腻子。随即贴上穿孔纸带（或玻璃纤维网格胶带），使用宽约 60mm 的腻子刮刀顺穿孔纸带（或纤网格胶带）方向压刮，将多余的腻子挤出，并刮平、刮实、不可留有气泡。

b. 用宽约 150mm 的刮刀将石膏腻子填满宽约 150mm 的板缝处带状部分。

c. 用宽约 300mm 的刮刀再补一遍腻子，其厚度不得超出 2mm。

d. 待腻子完全干燥后（约 12h），用 2 号砂布或砂纸将嵌缝石膏腻子打磨平滑，其中部分略微凸起，但要向两边平滑过渡。

设计中考虑选用的纸面石膏板作为基层板,要想获得满意的装饰效果,那么必须在其表面饰以其他装饰材料。吊顶工程的饰面做法很多,常用的有裱糊壁纸、涂乳胶漆、喷涂及镶贴各种类型的罩面板等。

2. 铝合金龙骨吊顶安装

(1)铝合金龙骨吊顶构造。

铝合金龙骨表观密度比较小,型材表面经过阳极氧化处理,表面光泽美观,有较强的抗腐、耐酸碱能力,防火性好,安装简单,适用于公共建筑大厅、楼道、会议室、卫生间、厨房间等吊顶。

单独由 T 形(及其 L 形边龙骨)铝合金龙骨装配的吊顶,只能是无附加荷载的装饰性单层轻型吊顶,它适宜于室内大面积平面顶棚装饰,与轻钢 U、C 形龙骨单层吊顶的主要不同点是它可以较灵活地将饰面板材平放搭装,而不必进行封闭式钉固安装,其次是必要时可做明装(外露纵横骨架)、暗装(板材边部企口。嵌装后骨架隐藏)或是半明半暗式安装(外露部分骨架),见图 2-11。

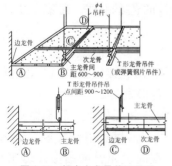

图 2-11　铝合金龙骨单层吊顶

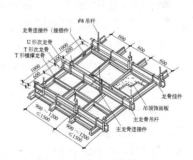

图 2-12　铝合金龙骨双层吊顶

当必须满足吊顶的一定承载能力时,则需与轻钢 U 形或 C 形承载龙骨相配合,即成为双层吊顶构造,见图 2-12。

（2）放线定位。

放线主要是弹标高和龙骨布置线。

①根据设计图纸，结合具体情况，将龙骨及吊点位置弹到楼板底面上。如果吊顶设计要求具有一定造型或图案，应先弹出吊顶对称轴线，龙骨及吊点位置应对称布置。龙骨和吊杆的间距、主龙骨的间距是影响吊顶高度的重要因素。不同的龙骨断面及吊点间距，都有可能影响主龙骨之间的距离。各种吊顶、龙骨间距和吊杆间距一般都控制在 1.0～1.2m 以内。弹线应清晰，位置正确。

铝合金板吊顶，如果是将饰面板卡在龙骨之上，龙骨应与板成垂直；如用螺钉固定，则要看饰面板的形状，以及设计上的要求而具体掌握。

②确定吊顶标高。利用"水柱法"将设计标高线弹到四周墙面或柱面上；如果吊顶有不同标高，那么应将变截面的位置弹到楼板上。然后，再将角铝或其他封口材料固定在墙面或柱面，封口材料的底面与标高线重合。角铝常用的规格为 25mm×25mm，铝合金板吊顶的角铝应同板的色彩一致。角铝多用高强水泥钉固定，亦可用射钉固定。

（3）固定悬吊体系。

①悬吊形式。采用简易吊杆的悬吊有镀锌铁丝悬吊、伸缩式吊杆悬吊和简易伸缩吊杆悬吊三种形式。

第一，镀锌铁丝悬吊。由于活动式装配吊顶一般不做上人考虑，所以在悬吊体系方面也比较简单。目前用得最多的是射钉将镀锌铁丝固定在结构上，另一端同主龙骨的圆形孔绑牢。镀锌铁丝不宜太细，如若单股使用，不宜用小于 14 号的镀锌铁丝。

第二，伸缩式吊杆悬吊。伸缩式吊杆的形式较多，用得较为普遍的是将 8 号镀锌铁丝调直,用一个带孔的弹簧钢片将两根铁丝连起来,调节与固定主要是依靠弹簧钢片。当用力压弹簧钢片时,将弹簧钢片两端的孔中心重合,吊杆就可伸缩自由。当手松开后,孔中心错位,与吊杆产生剪力,将吊杆固定。操作非常方便,其形状见图 2-13。

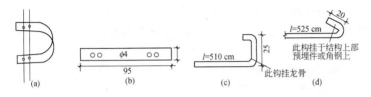

图 2-13　伸缩式吊杆

铝合金板吊顶,如果选用将板条卡到配置使用的龙骨上,宜选用伸缩式吊杆。龙骨的侧面有间距相等的孔眼,悬吊时,在两侧面孔眼上用铁丝拴一个圈或钢卡子,吊杆的下弯钩吊在圈上或钢卡上。

第三,简易伸缩吊杆悬吊。见图 2-13 的吊一种简易

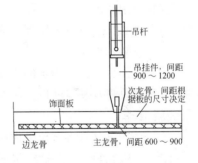

图 2-14　简易伸缩式吊杆

的伸缩吊杆,伸缩与固定的原理同图 2-14 是一样的,只是在弹簧钢片的形状上有些差别。

上述介绍的均属简易吊杆,构造比较简单,一般施工现场均可自行加工。稍复杂一些的是游标卡尺式伸缩吊杆,虽然伸缩效果好,但制作比较麻烦。有些上人吊顶,为了安全起见,也选用圆钢或角钢做吊杆,但龙骨也大部分采用普通型钢。

②吊杆或镀锌铁丝的固定。与结构层的固定,常用的办法是用射钉枪将吊杆与镀锌铁丝固定。可以选用尾部带孔或不带孔的两种射钉规格。如果选用尾部带孔的射钉,只要将吊杆一端的弯钩或铁丝穿过圆孔即可。如果射钉尾部不带孔,一般常用一块小角钢,角钢的一条边用射钉固定,另一条边钻一个5mm左右的孔,然后再将吊杆穿过孔将其悬挂。悬吊宜沿主龙骨方向,间距不宜大于 1.2m。在主龙骨的端部或接长处,需加设吊杆或悬挂铁丝。如若选用镀锌铁丝悬吊,不应绑在吊顶上部的设备管道上,因为管道变形或局部维修,对吊顶面的平整度带来影响。

如果用角钢一类材料做吊杆,则龙骨也可以大部分采用普通型钢,应用冲击钻固定膨胀螺栓,然后将吊杆焊在螺栓上。吊杆与龙骨的固定,可以采用焊接或钻孔用螺栓周定。

(4)安装调平龙骨。

①安装时,根据已确定的主龙骨(大龙骨)位置及确定的标高线,先大致将其基本就位。次龙骨(中、小龙骨)应紧贴主龙骨安装就位。

②龙骨就位后,再满拉纵横控制标高线(十字中心线),从一端开始,一边安装,一边调整,最后再精调一遍,直到龙骨调平和调直为止。如果面积较大,在中间还应适当起拱。调平时应注意一定要从一端调向另一端,要做到纵横平直。

特别对于铝合金吊顶,龙骨的调平调直是施工工序比较麻烦的一道,龙骨是否调平,也是吊顶质量控制的关键。因为只有龙骨调平,才能使饰面达到理想的装饰效果。否则,波浪式的吊顶表面,宏观看上去很不顺眼。

③边龙骨宜沿墙面或柱面标高线钉牢。固定时,一般常用高强水泥钉,钉的间距不宜大于 50cm。如果基层材料强度较

低,紧固力不好,应采取相应的措施,改用膨胀螺栓或加大钉的长度等办法。边龙骨一般不承重,只起封口作用。

④主龙骨接长。一般选用连接件接长。连接件可用铝合金,亦可用镀锌钢板,在其表面冲成倒刺,与主龙骨方孔相线连。全面校正主、次龙骨的位置及水平度,连接件应错位安装。

(5)吊顶罩面板安装。

参见本章"轻钢龙骨吊顶安装"相关内容。

3. 轻钢龙骨隔墙安装

(1)轻钢龙骨的安装。

轻钢龙骨的安装顺序是:墙位放线→安装沿顶、沿地龙骨→安装竖向龙骨(包括门口加强龙骨)→安装横撑龙骨、通贯龙骨→各种洞口龙骨加固→安装墙内管线及其他设施。

①墙位放线。根据设计要求,在楼(地)面上弹出隔墙位置线,即中心线及隔墙厚度线,并引测到隔墙两端墙(或柱)面及顶棚(或梁)的下面,同时将门口位置、竖向龙骨位置在隔墙的上、下处分别标出,作为标准线,而后再进行骨架组装。如果设计要求需设墙基的,应按准确位置先做隔墙基座的砌筑。

②安装沿顶、沿地龙骨。在楼地面和顶棚下分别摆好横龙骨,注意在龙骨与地面、顶面接触处应铺填橡胶条或沥青泡沫塑料条,再按规定间距用射钉或用电钻打孔塞入膨胀螺栓,将沿地、沿顶龙骨固定于楼(地)面和顶(梁)面。射钉或电钻打孔按0.6~1.0m的间距布置,水平方向不应大于0.8m,垂直方向不大于1.0m。射钉射入基体的最佳深度:混凝土为22~32mm,砖墙为30~50mm。

③安装竖向龙骨。竖向龙骨的间距要依据罩面板的实际宽度而定,对于罩面板材较宽者,需在中间再加设一根竖龙骨,例

如板宽900mm,其竖龙骨间距宜为4.50mm。将预先切截好长度的竖向龙骨推向沿顶、沿地龙骨之间,翼缘朝向罩面板方向。应注意竖龙骨的上下方向不能颠倒,现场切割时,只可从其上端切断。门窗洞口处应采用加强龙骨,当门的尺度大并且门扇较重时,应在门洞口处上下另加斜撑。

④安装横撑和通贯龙骨。在竖向龙骨上安装支撑卡与通贯龙骨连接;在竖向龙骨开口面安装卡托与横撑连接;通贯龙骨的接长使用其龙骨接长件。

⑤安装墙体内管线及其他装设

在隔墙轻钢龙骨主配件组装完毕,罩面板铺钉之前,要根据要求敷设墙内暗装管线、开关盒、配电箱及绝缘保温材料等,同时固定有关的垫缝材料。

(2)饰面板安装。

参见本书"三、金属饰面板安装"。

4. 铝合金隔断安装

铝合金隔断是用铝合金型材组成框架,再配以各种玻璃或其他材料装配而成。

其主要施工工序为:弹线定位→铝合金材料划线下料→固定及组装框架。

(1)弹线定位。

①弹线定位内容。

a.根据施工图确定隔断在室内的具体位置。

b.隔墙的高度。

c.竖向型材的间隔位置等。

②弹线顺序。

a.弹出地面位置线。

　　b. 用垂直法弹出墙面位置和高度线,并检查与铝合金隔断相接墙面的垂直度。

　　c. 标出竖向型材的间隔位置和固定点位置。

　　(2)划线下料。

　　划线下料是一项细致的工作,如果划线不准确,不仅使接口缝隙不太美观,而且还会造成不必要的浪费。所以,划线的准确度要高,其精度要求为长度误差±0.5mm。

　　划线时,通常在地面上铺一张干净的木夹板,将铝合金型材放在木夹板上,用钢尺和钢划针对型材划线。同时,在划线操作时注意不要碰伤型材表面。划线下料应注意以下事项:

　　①应先从隔断中最长的型材开始,逐步到最短的型材,并应将竖向型材与横向型材分开进行划线。

　　②划线前,应注意复核一下实际所需尺寸与施工图中所标注的尺寸有否误差。如误差小于 5mm,则可按施工图尺寸下料,如误差较大,则应按实量尺寸施工。

　　③划线时,要以沿顶和沿地型材的一个端头为基准,划出与竖向型材的各连接位置线,以保证顶、地之间竖向型材安装的垂直度和对位准确性。要以竖向型材的一个端头为基准,划出与横档型材各连接位置线,以保证各竖向龙骨之间横档型材安装的水平度。划连接位置线时,必须划出连接部的宽度,以便在宽度范围内安置连接铝角。

　　④铝合金型材的切割下料,主要用专门的铝材切割机,切割时应夹紧型材,锯片缓缓与型材接触,切不可猛力下锯。切割时应齐线切,或留出线痕,以保证尺寸的准确。切割中,进刀用力均匀才能使切口平滑。快要切断时,进刀用力要轻,以保证切口边部的光滑。

　　(3)安装固定。

半高铝合金隔断通常是先在地面组装好框架后，再竖立起来固定；全封铝合金隔断通常是先固定竖向型材，再安装横档型材来组装框架。铝合金型材相互连接主要是用铝角和自攻螺钉。铝合金型材与地面、墙面的连接则主要是用铁脚固定法。

①型材间的相互连接件。隔断的铝合金型材，其截面通常是矩形长方管，常用规格为 76mm×45mm 和 101mm×45mm（截面尺寸）。铝合金型材组装的隔断框架，为了安装方便及美观效果，其竖向型材和横向型材一般都采用同一规格尺寸的型材。

a. 型材的安装连接主要是竖向型材与横向型材的垂直接合，目前所采用的方法主要是铝角件连接法。

b. 铝角件连接的作用有两个方面：一方面是将两件型材通过第三者——铝角件互相接合；另一方面起定位作用，防止型材安装后的转动现象。

c. 所用的铝角通常是厚铝角，其厚度为 3mm 左右，在一些非重要位置也可以用型材的边角料来做铝角连接件。

d. 对连接件的基本要求是有一定强度和尺寸准确，铝角件的长度应是型材的内径长，铝角件可正好装入型材管的内腔之中。铝角件与型材的固定，通常用自攻螺钉。

②型材相互连接方法。沿竖向型材，在与横向型材相连接的划线位置上固定铝角。

a. 固定前，先在铝角件上打出 ϕ3mm 或 ϕ4mm 的两个孔，孔中心距铝角件端头 10mm 左右。然后，用一小截型材（厚10mm 左右）放入竖向型材上即将固定横向型材的划线位置上。再将铝角件放入这一小截型材内，并用手电钻和用相同于铝角件上小孔直径的钻头，通过铝角件上小孔在竖向型材上打出两孔,见图 2-15。最后用 M4 或 M5 的自攻螺钉,把铝角件固定在竖向型材上。用这种方法固定铝角件,可使两型材在相互对接后,保证垂直度和对缝的准确性。这一小截型材在操作工艺中起到了模规的作用。

b. 横向型材与竖向型材对连时,先要将横向型材端头插入竖向型材上的铝角件,并使其端头与竖向型材侧面靠紧。再用手电钻将横向型材与铝角件打孔,孔位通常为两个,然后用自攻螺钉固定,一般方法是钻好一个孔位后马上用自攻螺钉固定,再接着打下一个孔。

两型材接合的形式见图 2-16。所用自攻螺钉通常为半圆头 M4×20 或 M5×20。

c. 为了对接处的美观,自攻螺钉的安装位置该在较隐蔽处。通常的处理方法为:如对接处在 1.5m 以下,自攻螺钉头安装在型材的下方;如对接处在 1.8m 以上,自攻螺钉安装在型材的上方。这在固定铝角件时将其弯角的方向变一下即可。

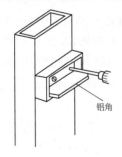

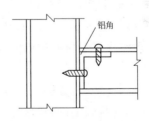

图 2-15　铝角件与竖向型材的连接　　　图 2-16　两型材的接合形式

③框架与墙、地面的固定。铝合金框架与墙面、地面的固定,通常用铁脚件。铁脚件的一端与铝合金框架连接,另一端与墙面或地面固定。

a. 固定前,先找好墙面上和地面上的固定点位置,避开墙面的重要饰面部分和设备及线路部分,如果与木墙面固定,固定点必须安排在有木龙骨的位置处。然后,在墙面或地面的固定点位置上,做出可埋入铁脚件的凹槽。如果墙面或地面还将进行批灰处理,可不必做出此凹槽。

b. 按墙面或地面的固定点位置,在沿墙、沿地或沿顶型材上划线,再用自攻螺钉把铁脚件固定在划线位置上。

c. 铁脚件与墙面、地面的固定,可用膨胀螺栓或铁钉木楔方法,但前者的固定稳固性优于后者。如果是与木墙面固定,铁脚件可用木螺钉固定于墙面内木龙骨上,见图2-17。

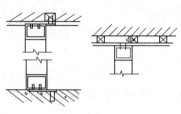

图 2-17　铝框架与墙地面的固定

(4)组装方法。

铝合金隔断框架有两种组装方式:一种是先在地面上进行平面组装,然后将组装好的框架竖起进行整体安装;另一种是直接对隔断框架进行安装。但不论哪一种方式,在组装时都是从隔断框架的一端开始。通常,先将靠墙的竖向型材与铝角件固定,再将横撑型材通过铝角件与竖向型材连接,并以此方法组成框架。

以直接安装方法组装隔断骨架时,要注意竖向型材与墙面、地面的安装固定;通常是先定位,再与横撑型材连接,然后再与墙面、地面固定。

(5)安装铝合金饰面板和玻璃。

铝合金型材隔断在1m以下部分,通常用铝合金饰面板,其余部分通常是安装玻璃。其安装方法参见铝合金饰面板安装。

三、金属饰面板安装

1. 铝合金饰面板安装

铝合金饰面板是一种高档的饰面材料,由于铝板经阳极氧化的饰面处理后进行电解着色,可以使其获得不同厚度的彩色氧化镀膜,不但具有极高的表面硬度与耐磨性,而且化学性能在大气中极为稳定,色彩与光泽保存良久。一般铝合金氧化镀膜厚不小于 12 μm。

铝合金饰面板材,按其形状可分为条状板(指板条宽度不大于 150mm 的拉伸板)、矩形、方形及异形冲压板;按其功能可分为普通有肋板及具有保温、隔声功能的蜂窝板、穿孔板。板材截面由支承骨架的刚度及安装固定方式确定。

铝合金饰面板,一般由钢或铝型材做骨架(包括各种横、竖杆),铝合金板做饰面。骨架大多用型钢,因型钢强度高、焊接方便、价格便宜、操作简便。

(1)骨架安装。

①放线。放线是铝合金板饰面安装的重要环节。首先要将支承骨架的安装位置准确地按设计图要求弹至主体结构上,详细标定出来,为骨架安装提供依据。因此,放线、弹线前应对基体结构的几何尺寸进行检查,如发现有较大误差,应会同各方进行处理。达到放线一次完成,使基层结构的垂直与平整度满足骨架安装平整度和垂直度的要求。

②安装固定连接件。型钢、铝材骨架的横、竖杆件是通过连接件与结构基体固定的。连接件与墙面上的膨胀螺栓连接较为灵活,尺寸易于控制。

连接件必须牢固。连接件安装固定后,应做隐藏检查记录,包括连接焊缝的长度、厚度、位置,膨胀螺栓的埋置标高位置、数量与嵌入深度。必要时还应做抗拉、抗拔测试,以确定其是否达到设计要求。连接件表面应做防锈、防腐处理,连接焊缝应涂刷防锈漆。

③安装固定骨架。骨架安装前必须先进行防锈处理,安装位置应准确无误,安装中应随时检查标高及中心线位置。对于面积较大、层高较高的外墙铝板饰面的骨架竖杆,必须用线锤和仪器测量校正,保证垂直和平整,还应做好变形截面、沉降缝、变形缝等处的细部处理,为饰面铝板顺利安装创造条件。

(2)铝合金饰面板的安装。

铝合金装饰板随建筑立面造型的不同而异,安装扣紧方法也较多,操作顺序也不限样式。通常铝合金饰面板的安装连接有如下两种:一是直接安装固定,即将铝合金板块用螺栓直接固定在型钢上;二是利用铝合金板材压延、拉伸、冲压成型的特点,做成各种形状,然后将其压在特制的龙骨上,或两种安装方法混合使用。前者耐久性好,常用于外墙饰面工程;后者施工方便,适宜室内墙面装饰。铝合金饰面根据材料品种的不同,其安装方法也各异。

①铝合金板条安装。铝合金饰面板条一般宽度不大于150mm,厚度大于1mm,标准长度为6m,经氧化膜处理。板条通过焊接型钢骨架用膨胀螺栓连接或连接铁件与建筑主体结构上的预埋件焊接固定。当饰面面积较大时,焊接骨架可按板条宽度直接拧固于骨架上。此种板条的安装,由于采用后条扣压前条形码的构造方法,可使前块板条安装固定的螺钉被后块板条扣压遮盖,从而达到使螺钉全部暗装的效果,既美观,又对螺钉起保护作用。安装板条时,可在每条板扣嵌时留5～6mm间隙形成凹槽,增加扣板起伏,加深立面效果。安装构造见图2-18

所示。

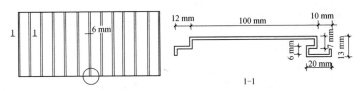

图 2-18　铝合金板条安装示意图

②复合铝合金隔热墙板安装。复合铝合金隔热板均为蜂窝中空状,系由厂家模具拉伸成型。

a. 成型复合蜂窝隔热板,周边用异形边框嵌固,使之具有足够刚度,并用 PVC 泡沫塑料填充空隙,聚氨酯密封胶封堵防水。此种饰面板的安装构造,由埋墙膨胀螺栓固定角钢及方钢管立柱,用螺栓与角钢相连,并在方钢管上用螺栓固定型钢连接件,将嵌有复合蜂窝隔热板的异型钢边框螺栓固定在空心方形钢立柱上,即形成饰面墙板。

b. 成型复合蜂窝隔热板,在生产时即将边框与固定连接件一次压制成型,边框与蜂窝板连接嵌固密封。安装方法是角钢与墙体连接,U 形吊挂件嵌固在角钢内穿螺栓连接。U 形吊挂件与边框间留有一定空隙,用发泡 PVC 填充,两块板间留20mm 缝,用一块成型橡胶带压死防水,见图 2-19。

③铝合金柱面板安装。由于柱面板的基体柱一般为 1～2 层,尤其是室内柱高不会太大,因此受风荷影响不大。固定方法是在板上留两个小孔,然后用发泡 PVC 及密封胶将块与块之间缝隙填充密封,再用 $\phi 12$ 销钉将两块板块与连接件拧牢即可。

④铝合金板条直接安装。这种方法用于层高不大、风压值小的建筑,是一种简易安装法。其具体做法是将铝板装饰墙板条做成可嵌插形状,与镀锌钢板冲压成型的嵌插母材——龙骨

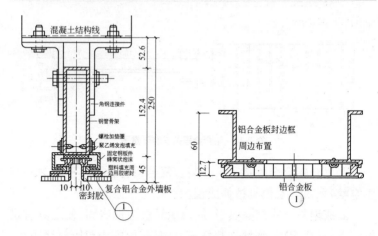

图 2-19　铝合金墙面板固定示意图

嵌插,再用连接件把龙骨与墙体螺栓锚固。这种连接方法操作简便能够大大加快施工进度。

2.不锈钢饰面板安装

不锈钢饰面具有金属光泽和质感,具有不锈蚀的特点和镜面的效果。此外,还具有强度和硬度较大的特点,在施工和使用的过程中不易发生变形。

(1)墙面、方柱面不锈钢饰面板安装。

在墙面方柱体上安装不锈钢板,一般采用粘贴法将不锈钢板固定在木夹层上,然后再用不锈钢型角压边。其施工工艺顺序为:检查基体骨架→粘贴木夹板→镶贴不锈钢板→压边、封口。

①检查基体骨架。粘贴木夹板前,应对基体骨架进行垂直度和平整度的检查,若有误差应及时修整。

②粘贴木夹板。骨架检查合格后,在骨架上涂刷万能胶,然

后把木夹板粘贴在骨架上,并用螺钉固定,钉头砸入夹板内。

③镶贴不锈钢板。在木夹板面层上涂刷万能胶,并把不锈钢板粘贴在木夹板上。

④压边、封口。在柱子转角处,一般用不锈钢成型角压边,在压边不锈钢成型角处用少量玻璃胶封口,见图 2-20。

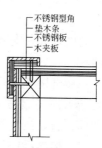

图 2-20　不锈钢板安装及转角处理

(2)圆柱不锈钢饰面板安装

用骨架做成的圆柱体,圆柱面不锈钢板安装可以采用直接卡口式和嵌槽压口式进行镶贴,其常用构造见图 2-21。

不锈钢圆柱饰面安装施工的施工工艺顺序为:检查柱体→修整柱体基层→不锈钢板加工成曲面板→不锈钢板安装→表面抛光处理。

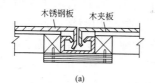
(a)

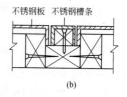
(b)

图 2-21　不锈钢圆柱镶面构造

(a)直接卡入不敷出式安装;(b)嵌槽压口式安装

①检查柱体。柱体的施工质量直接影响不锈钢板面的安装质量。安装前要对柱体的垂直度、圆度、平整度进行检查,若误差大,必须进行返工。

②修整柱体基层。检查圆柱体,要对柱体进行修整,不允许有凸凹不平和表面存有杂物、油渍等。

③钢板加工。一个圆柱面一般都由两片或三片不锈钢曲面

板组合而成。曲面板的加工通常是在卷板机上进行的。即将不锈钢板放在卷板机上进行加工。加工时，应用圆弧样板检查曲板的弧度是否符合要求。

④不锈钢板安装。不锈钢板安装的关键在于片与片间的对口处的处理。安装对口的方式主要有直接卡口式和嵌槽压口式两种。

a. 直接卡口式安装。直接卡口式是在两片不锈钢板对口处，安装一个不锈钢卡口槽，该卡口槽用螺钉固定于柱体骨架的凹部。安装柱面不锈钢板时，只要将不锈钢板一端的弯曲部，勾入卡口槽内，再用力推按不锈钢板的另一端，利用不锈钢板本身的特性，使其卡入另一个卡口槽内，见图 2-21(a)。

b. 嵌槽压口式安装。先把不锈钢板在对口处的凹部用螺钉（铁钉）固定，再把一条宽度小于凹槽的木条固定在凹槽中间。两边空出的间隙相等，其间隙宽为 1mm 左右。

在木条上涂刷万能胶，等胶面不粘手时，向木条上嵌入不锈钢槽条。在不锈钢板槽条嵌入粘结前，应用酒精或汽油清擦槽条内的油迹污物，并涂刷一层薄薄的胶液，安装方式见图 2-21(b)。

⑤不锈钢板安装的注意事项。

a. 安装卡口槽及不锈钢槽条时，尺寸准确，不能产生歪斜现象。

b. 固定凹槽的木条尺寸、形状要准确。尺寸准确既可保证木条与不锈钢槽的配合松紧适度，安装时不需用锤大力敲击，避免损伤不锈钢槽面，又可保证不锈钢槽面与柱体面一致，没有高低不平现象；形状准确可使不锈钢槽嵌入木条后胶结面均匀，粘接牢固，防止槽面的侧歪现象。

c. 木条安装前，应先与不锈钢试配，木条高度一般大于不锈钢槽的深度 0.5mm。

3.铝塑饰面板安装

铝塑饰面板墙面装修做法有多种,不论哪种做法,均不允许将高级铝塑板直接贴于抹灰找平层上,最好是贴于纸面石膏板、FC 纤维水泥加压板、耐燃型胶合板等比较平整的基层上或铝合金扁管做成的框架上(要求横、竖向铝合金扁管分格应与铝塑板分格一致)。

(1)弹线。

按具体设计,根据铝塑板的分格尺寸在基层板上弹出分格线。

(2)翻样、试拼、裁切、编号。

按设计要求及弹线,对铝塑板进行翻样、试拼,然后将铝塑板准备裁切、编号备用。铝塑板裁切加工时需注意以下几点:

①铝塑板可用手动或电动工具进行开孔、弯曲、切削、裁切等加工。

②为了避免擦伤铝塑板表面,加工时应使用铝制或木制定规,及油性签字笔进行画线、做标记等(可用甲苯溶剂擦掉)。

③裁切铝塑板时,第一,须将工作台彻底清拭干净。第二,由正面裁切时,须连同保护膜一起裁切,装修完工后再撕去保护膜。由背面裁切时,因镜面向下,故须特别注意工作台面不得有任何不净及附有尘屑、硬粒之处,以免板面受伤。

④铝塑板做大量及大面积直线切断时,可用升降盘电锯、刨锯、圆盘锯等机械加工。小量及小面积者可用手提电锯、电动钢丝锯或手锯等进行直线、曲线切断加工。

⑤裁切铝塑板时应使用裁切铝质或塑胶质材料用的齿刃倒角较小的锯片。切削时应根据尺寸,用凿床、电钻、手提电锯、钢丝锯等进行圆形、曲线及各种图形的切削加工。开孔时应由镜

面表面开始,以减少边缘毛边的产生。

⑥铝塑板修边或切削小口时,可用木工所用的刨刀或电动刨沟机及锉刀进行加工。如用定盘固定切削,则效果更好。

⑦铝塑板上裁切文字、图案,可用凿孔机、线锯、刨沟机等进行直线或曲线加工。

⑧弯曲(适用于内圆、外圆的弯曲):铝塑板的弯曲,可用手动或电动的"三支橡胶滚轮机"并需注意滚轮必须擦拭得特别干净;铝塑板在弯曲前不得撕下保护膜,并须先将表面所有灰尘、砂粒、垃圾、硬屑等彻底清除干净;弯曲时须徐徐弯曲,不得急于求成,否则将会破坏镜面,并产生电镀裂痕、影响板的质量及美观。

(3)铝塑板的粘贴。

①胶粘剂直接粘贴法。在铝塑板背面及基层板表面均匀涂布立时得胶或其他橡胶类胶粘剂(如 801 强力胶、XH-401 强力胶、LDN-3 硬材料胶粘剂、XY-401. 胶、FN303 胶、CX-401 胶、JY-401 胶等)一层,待胶粘剂稍具黏性时,将铝塑板上墙就位,并与相邻各板抄平、调直后用手拍平压实,使铝塑板与基层板粘牢。拍压时严禁用铁棒或其他硬物敲击。

②双面胶带及胶粘剂并用粘贴法。根据墙面弹线,将薄质双面胶带按"田"字形分布粘贴于基层板上(按双面胶带总面积占底总面积 30%的比例分布)。在无双面胶带处,均匀涂立时得胶(或其他橡胶类强力胶)一层,然后按弹线范围,将已试拼编号之铝塑板临时固定,经与相邻各板抄平调直完全符合质量要求后,再用手拍实压平,使铝塑板与基层板粘牢。

③发泡双面胶带直接粘贴法。按图 2-22 将发泡双面胶带粘贴于基层板上,然后将铝塑板根据编号及弹线位置顺序上墙就位,进行粘贴。粘贴后在铝塑板四角加化妆螺钉四个,以利

加强。

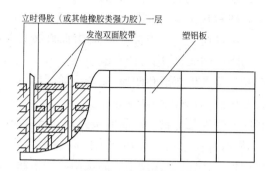

图 2-22 铝塑板发泡双面胶带
直接粘贴法基本构造示意图

(4)修整表面。

整个铝塑板安装完毕后,应严格检查装修重量,如发现不牢、不平、空心、鼓肚及平整度、垂直度、方正度偏差不符合质量要求之处,应彻底修整;表面如有胶液、胶迹,须彻底拭净。

(5)板缝处理。

板缝大小宽窄以及造型处理,均按具体工程的具体设计处理。

(6)封边、收口。

整个铝塑板的封边、收口,以及用何种封边压条、收口饰条等,均按具体设计处理。

四、细部工程施工

1. 护栏、扶手制作与安装

目前应用较多的金属栏杆、扶手为不锈钢栏杆、扶手。断面尺寸根据设计选用。

金属栏杆和扶手的管径和管材的壁厚尺寸应符合设计要求。一般大立柱和扶手的管壁厚度不宜小于 1.2mm。扶手的弯头配件应选用正规工厂的产品。如果扶手的管壁太薄,会使扶手和立柱的刚度削弱,使用时会有颤动感。另外,壁厚太薄的管材在煨弯时容易发生变形和凹瘪,使弯头的圆度不圆,在与直管焊接时会发生凹陷,难以磨平抛光完美。

由于我国不锈钢装饰材料产品的系列开发目前尚处在初级阶段,不锈钢栏杆和扶手的设计和施工仍以使用成品工业管材和现场人工焊接、打磨的方式为主。如选用镀钛不锈钢构件,通常先要在现场试装,再送工厂加工镀钛,施工的效率不高。

(1)金属护栏、扶手制作与安装。

①定位、放线。按照设计要求,将固定件间距、位置、标高、坡度进行找位校正,弹出栏杆纵向中心线和分格的位置线。

②安装固定件。按所弹固定件的位置线,打孔安装,每个固定件不得少于两个 $\phi 10$ 的膨胀螺栓固定。焊接立杆,铁件的大小、规格尺寸应符合设计要求。检验合格后,焊接立杆。

③检查成品构件尺寸。由于目前生产加工仍处于小批量手工加工为主的状态,杆件和配件的加工精度受到技工操作水平影响很大,许多小型加工厂缺乏足够的技术人员和检测手段,更多的是依靠技工的经验,不容易控制工程的整体质量。因此对生产产品要逐件对照检查,确保成品构件的尺寸统一。同时应尽量采用工厂成品配件和杆件。

④焊接立杆。焊接立杆与固定件时,应放出上、下两条立杆位置线,每根主立杆应先点焊定位,检查垂直没问题后,再分段满焊,焊接焊缝符合设计要求及施工规范规定。焊接后应清除焊药,并进行防锈处理。

⑤安装石材盖板。地面为石材地面时,栏杆处安装有整块

石材时,立杆焊接后,按照立杆的位置,将石材开洞套装在立杆上。开洞大小应保证栏杆的法兰盘能盖严。安装盖板时宜使用水泥砂浆。固定石材,可加强立杆栏杆的稳定性。

⑥焊接扶手或安装木扶手固定用的扁钢。采用不锈钢管扶手时,焊接宜使用氩弧焊机焊接,焊接时应先点焊,检查位置间距、垂直度、直线度是否符合质量要求,再进行两侧同时满焊。焊缝一次不宜过长,防止钢管受热变形。

安装方、圆钢管立杆以及木扶手前,木扶手的扁钢固定件应预先打好孔,间距控制在 400mm 内,再进行焊接。焊接后间距垂直度、直线度应符合质量要求。

⑦加工玻璃或铁艺栏板。玻璃栏板应根据图纸或设计要求及现场的实际尺寸加工安全玻璃。玻璃各边及阳角应抛成斜边或圆角,以防伤手。

铁艺的加工、规格、尺寸造型应符合设计要求,根据实际尺寸编号(现场尺寸可小于实际尺寸 1~2mm)。安装焊接必须牢固。

⑧抛光。不锈钢管焊接时,表面抛光时先用粗片进行打磨,如表面有砂眼不平处,可用氩弧焊补焊,大面磨平后,再用细片进行抛光。抛光处的质量效果应与钢管外观一致。

方、圆钢管焊缝打磨时,必须保证平整、垂直。经过防锈处理后,焊接焊缝及表面不平、不光处可用原子灰补平、补光。焊后打磨清理,并按设计要求喷漆。

(2)木扶手安装。

①检查固定木扶手的扁钢是否平顺和牢固,扁钢上要先钻好固定木螺钉的小孔,并刷好防锈漆。

②测量各段楼梯实际需要的木扶手长度,按所需长度尺寸略加余量下料。当扶手长度较长需要拼接时,最好先在工厂用

专用开榫机开手指榫。但最好每一梯段上的榫接头不超过
1个。

③找拉与划线。

a. 对安装扶手的固定件的位置、标高、坡度找位校正后，弹
出扶手纵向中心线。

b. 按设计扶手构造，根据折弯位置、角度，划出折弯或割
角线。

c. 楼梯栏杆或栏板顶面，划出扶手直线段与弯头、折弯断的
起点和终点的位置。

d. 扶手高度不应小于 900mm，护栏高度不应小于
1050mm，栏杆间距不应大于 100mm。

④弯头配置。

a. 按样板或栏杆顶面的斜度，配好起步弯头，一般木扶手可
用扶手料割配弯头，采用割角对缝粘接，在断块割配区段内最少
要考虑三个螺钉与支承固定件连接固定。大于 70mm 断面的扶
手的接头配置时，除粘结外，还应在下面做暗榫或用铁件铆固。

b. 整体弯头制作：应先做足尺大样的样板，并与现场划线核
对后，在弯头料上按样板划线，制成雏形毛料（毛料尺寸一般大
于设计尺寸约 10mm）。按划线位置预装，与纵向直线扶手端头
粘结，弯头粘结时，温度不得低于 5℃。弯头下部应与栏杆扁钢
结合紧密、牢固。

木扶手弯头加工成形应刨光，弯曲自然，表面磨光。

c. 连接预装：预制木扶手须经预装，预装木扶手由下往上进
行，先预装起步弯头及连接第一跑扶手的折弯弯头，再配上下折
弯之间的直线扶手料，进行分段预装粘结。

d. 固定：分段预装检查无误，进行扶手与栏杆（样板）上固定
件，用木螺钉拧紧固定，固定间距控制在 400mm 以内，操作时应

在固定点处,先将扶手料钻孔,再将木螺钉拧入,不得用锤子直接打入,螺母达到平正。

扶手与垂直杆件连接牢固,紧固件不得外露。

⑤木扶手与弯头的接头要在下部连接牢固。木扶手的宽度或厚度超过 70mm 时,其接头应粘接加强。

⑥当木扶手断面的宽度或高度超过 70mm 时,如在现场做斜面拼缝时,最好加做暗木榫加固。

⑦木扶手端部与墙或柱的连接必须牢固,不能简单将木扶手伸入墙内,因为水泥砂浆不能和木扶手牢固结合,水泥砂浆的收缩裂缝会使木扶手入墙部分松动。宜采用图 2-23 方法固定。

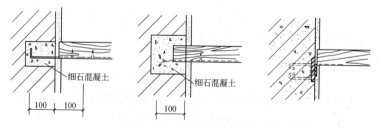

图 2-23　木扶手端部与墙或柱的连接

⑧沿墙木扶手的安装方法基本同前,因为连接扁钢不是连续的,所以在固定预埋铁件和安装连接件时必须拉通线找准位置,并且不能有松动。

⑨整修:木扶手安装好后,要对所有构件的连接进行仔细检查,木扶手的拼接要平顺光滑,对不平整处要用小刨清光;扶手折弯处如有不平顺,应用细木锉锉平,找顺磨光,使其折角线清晰,坡角合适,弯曲自然,断面一致,再用砂纸打磨光滑。然后刮腻子补色,最后按设计要求刷漆。

◐ 2. 花饰安装

花饰包括木制石膏、金属、玻璃、石材、塑料、混凝土等。

(1)基层处理。

花饰安装前应将基层、基底清理干净,处理平整,达到安装花饰的施工条件。

(2)花饰检查。

在安装前应检查花饰强度及预埋件位置、牢固程度等状况是否符合设计要求,经检查符合设计要求及相关规范规定标准后,方可进行安装。

(3)放线、定位。

预制花饰安装前,由测量人员配合按设计图纸,弹好花饰位置的中心线及分块控制线放线、定位。

(4)选样、试拼。

预制花饰在安装前,应对花饰的规格、颜色、观感质量等进行比对和挑选,并在放样平台进行试拼,满足设计要求质量标准及效果后(复杂的花饰拼装应按顺序进行编号后),再进行正式安装。

(5)粘贴法安装。

一般轻型预制花饰采用粘贴法进行安装,粘贴材料根据花饰材料的品种选用。水泥砂浆花饰和水泥水刷石花饰,使用水泥砂浆或聚合物水泥砂浆粘贴;石膏花饰采用石膏灰或水泥浆粘贴;木制花饰和塑料花饰采用胶粘剂粘贴,也可用木螺钉固定的方法;金属花饰宜采用螺钉固定,也可采用焊接安装。

(6)混凝土花饰安装。

预制混凝土花格或浮面花饰制品,应采用1:2水泥砂浆砌筑,拼块的相互间用钢销子系固,并与结构连接牢固。

　(7)大型花饰安装。

　较重的大型花饰采用螺钉固定法安装时,应将花饰预留孔对准结构预埋件,用铜或镀锌螺钉拧紧固定,花饰图案应精确吻合,固定后用1∶1水泥砂浆将安装的孔眼堵严,表面用同花饰颜色一样的材料修饰,不留痕迹。

　(8)大重量、大体型花饰安装。

　大重量、大体型的花饰采用螺栓固定法安装。安装时将花饰预留孔对准安装位置的预埋螺栓,按设计要求基层与花饰表面规定的缝隙尺寸,用螺母或垫板固定,并加临时支撑。花饰图案应清晰,对缝吻合。花饰与墙面间隙的两侧和底面用石膏临时堵住。待石膏固定后,用1∶2水泥砂浆分层灌入花饰与墙面的缝隙中,由下而上每次灌100mm左右的高度,下层终凝后再灌上一层。待灌缝砂浆达到强度后才能拆除支撑,清除周边临时堵缝石膏,并修饰完整。

　(9)大、重型金属花饰安装。

　大、重型金属花饰安装采用焊接固定法安装。根据花饰块体的构造,采用临时固挂的方法,按设计要求找正位置,焊接点应均匀受力,焊接质量应满足设计及相关规范要求。

第3部分　金属工岗位安全常识

一、金属工施工安全基本知识

1. 金属加工通用规定及要求

(1)工作前的准备。

①选择和使用适合的防护用品,穿工作服要扎紧袖口、扣全纽扣,头发压在工作帽内。

②检查手工工具是否完好。

③检查并布置工作场地,按左、右手习惯放置工具、刀具等,毛坯、零件要堆放好。

④检查本机床专用起重设备状态是否正常。

⑤检查机床状况,如防护装置的位置和牢固性,电源导线、操作手把、手轮、冷却润滑软管等是否与机床运动件相碰等,并了解前班机床使用情况。

⑥空车检查启动和停止按钮;手把、润滑冷却系统是否正常。

⑦大型机床需两人以上操作时,必须明确主操作人员,由其统一指挥,互相配合。

(2)工作中的要求。

①被加工件的重量、轮廓尺寸应与机床的技术性能数据相适应。

②被加工件重量大于20kg时,要使用起重设备。为了移动方便,可采用专用的吊装夹紧附件,并且只有在机床上装卡可靠

后,才可松开吊装用的夹紧附件。

③在工件回转或刀具回转的情况下,禁止戴手套操作。

④紧固工件、刀具或机床附件时要站稳,勿用力过猛。

⑤每次开动机床前都要确认机床附件、加工件以及刀具均已固定可靠,并对任何人都无危险。

⑥当机床已在工作时不能变动手柄和进行测量、调整以及清理等工作。操作者应观察加工进程。

⑦如果在加工过程中形成飞起的切屑,应放下防护挡板,清除机床工作台和加工件上的切屑,不能直接用手,也不能用压缩空气吹,而要用专门的工具。

⑧正确地安放被加工件,不要堵塞机床附近通道,要及时清扫切屑,工作场地特别是脚踏板上,不能有冷却液和油。

⑨当离开机床时,即使是很短的时间,也一定要停车。

⑩当闻到电绝缘发热气味、发现运转声音不正常时,要迅速停车检查。

(3)工作结束。

①关闭机床,整理工作场地,收拾好刀具、附件和测量工作。

②使用专用工具将切屑清理干净。

③进行日常维护,如加注润滑油等。

④关闭机床上的照明灯,并切断机床的电源。

2. 剪板及折弯安全操作要点

(1)剪板机应有专人负责使用和保管。操作者必须熟悉机床的结构、性能。

(2)严禁超负荷使用剪板机。不得剪切淬火钢料和硬质钢、高速钢、合金钢、铸件及非金属材料。

(3)刀片刃口应保持锋利,刃口钝或损坏,应及时磨修或调换。

（4）多人操作时应有专人指挥，配合要协调。

（5）剪板机上禁止同时剪切两种不同规格的材料，不准重叠剪切。

（6）剪板入料时禁止把手伸进压板下面操作。剪短料时应另用铁板压住，剪料时手指离开刀口至少 200mm。

（7）用撬棒对线后，应立即将撬棒退出方可剪切，如铁板有走动，应用木枕塞牢，以免压脚下来后撬棒弹出伤人。

（8）剪好的工件必须放置平稳，不要堆放过高，不准堆放在过道上。边角余料及废料要及时清理，保持场地整洁。

（9）折弯机的安全操作须遵守本规程。

♪ 3. 金属下料安全操作要点（往复锯、圆锯）

（1）使用前先空运转检查润滑、冷却部分及虎钳是否正常。

（2）锯割的材料装夹要牢固，多件装夹要检查是否全部紧固。

（3）锯割的材料如果弯曲较大，则不应多件装夹，应单件装夹牢固后进行切割。

（4）调卸长料要注意周围是否有人，长于床面的要装好托架，2 人以上操作应由 1 人指挥，相互协调。

（5）硬度过高的材料应退火后再锯。

（6）锯条歪斜应及时校正。锯弓松紧要合适，防止断裂。

（7）锯条中途折断要关闭电源后再更换，并要翻转工件，另割新锯口。

（8）使用圆锯片时，要罩好防护罩，并注意头和手不要靠近运转中的锯片。

（9）锯好的坯料要分类堆放整齐、平稳，防止坠落、倒塌和影响通道畅通。

4.金属切削加工作业安全操作要点

(1)操作工必须经过所作业的机械设备操作专业训练,并经有关部门考核,发给合格证后,准予独立操作。实习人员除持有实习证外,必须由持有合格证的操作工进行带教。操作机械(设备)前,按规定正确穿戴和使用劳动防护用品(其中:扎好袖口、拉好拉链、扣上纽扣、不系围巾、女工发辫挽在帽子内、戴防护眼镜、严禁酒后操作、操作旋转机床严禁戴手套等是特别重要的防护要点)。

(2)熟悉并掌握需要操作的机械设备安全技术操作规程,并在工作中严格遵守执行。

(3)机械设备开动前,要检查其防护保险装置、机械传动和电气装置等各重要部件是否安全可靠。

(4)上班第一次开动机械设备,必须先开慢挡运行,并检查其润滑系统、传动系统运行是否正常,在确认正常后,再调整至正常挡速运行;改变机械设备运行速度,必顺停机换挡,以防打坏齿轮。

(5)在机械设备上夹紧工件后,应将扳手等工量具拿掉,不得将工件和其他物件放在机械设备导轨面上或齿轮箱上。

(6)机械设备开动后,不准接触运动着的工件、刀具和传动部分,不得用手、嘴、脚替代工具去清理铁屑。

(7)在机械设备运转时不准离开岗位,因故离开必须停机并切断电源。

(8)两人同时操作一台机械设备时,明确主、副手,并予密切配合。

(9)不得随意拆卸机械设备上的安全防护装置。

(10)需起吊加工工件时,应严格遵守执行地面(挂钩)作业安全技术操作规程,配合地面(挂钩)作业人员做好有关工作。

(11)如需进行刀具量磨作业,必须执行刃磨工安全操作规程。

(12)下班前切断电源,清扫机械设备和周围场地,必要时做好交接班运行记录。

5. 车床安全操作要点

(1)在车床主轴上装卸卡盘应在停机后进行,不可用电动机的力量取下卡盘。

(2)夹持工件的卡盘、拨盘、鸡心夹的凸出部分最好使用防护罩,以免绞住衣服及身体的其他部位。如无防护罩,操作时应注意距离,不要靠近。

(3)车削外圆面、端面等时,车刀安装在方刀架上,刀尖一般应与车床中心等高。车刀在方刀架上伸出的长度一般应小于2倍刀体高度,垫片要放平整,片数不能太多(不超过3片),要用两个螺钉来压紧车刀。这样才能保证切削时刀具稳固,避免折断伤人。

(4)在车床上进行切断工作时,注意切断刀的安装,使刀尖与工件中心等高。如刀尖低于工件中心时,切刀易被压断;如刀尖高于工件中心,切刀后面顶住工件,不易切削。工件的切断处应距卡盘近些,以免切断时工件振动,并避免在顶尖上切断。操作时,要均匀进给,即将切断时,必须放慢进给速度,以保证安全。

(5)用顶尖装夹工件时,顶尖与中心孔应完全一致,不能用破损或歪斜的顶尖,使用前应将顶尖和中心孔擦净。后尾座顶尖要顶牢。

(6)在车床上钻孔前,必须先车平端面。为防止钻头偏斜折断,可先用车刀划一坑或用中心钻钻中心孔作为引导,钻孔时应加冷却液。孔将钻通时,须放慢进给速度,以防钻头折断。

(7)车削细长工件时,为保证安全应采用中心架或跟刀架,长出车床部分应有标志。

(8)车削形状不规则的工件时,应装平衡块,并试转平衡后再切削。

(9)除车床上装有运转中自动测量装置外,均应停车测量工件,并将刀架移动到安全位置。

(10)用砂布打磨工件表面时,应把刀具移动到安全位置,不要让衣服和手接触工件表面。加工内孔时,不可用手指支持砂布,应用木棍代替,同时速度不宜太快。

二、现场施工安全操作基本规定

1. 杜绝"三违"现象

员工遵章守纪,是实现安全生产的基础。员工在生产过程中,不仅要有熟练的技术,而且必须自觉遵守各项操作规程和劳动纪律,远离"三违",即违章指挥、违章操作、违反劳动纪律。

(1)违章指挥。企业负责人和有关管理人员法制观念淡薄,缺乏安全知识,思想上存有侥幸心理,对国家、集体的财产和人民群众的生命安全不负责任。明知不符合安全生产有关条件,仍指挥作业人员冒险作业。

(2)违章作业。作业人员没有安全生产常识,不懂安全生产规章制度和操作规程,或者在知道基本安全知识的情况下,在作业过程中,违反安全生产规章制度和操作规程,不顾国家、集体的财产和他人、自己的生命安全,擅自作业,冒险蛮干。

(3)违反劳动纪律。上班时不知道劳动纪律,或者不遵守劳动纪律,违反劳动纪律进行冒险作业,造成不安全因素。

2. 牢记"三宝"和"四口、五临边"

(1)"三宝"指安全帽、安全带、安全网。安全帽、安全带、安全网是工人的三件宝,只有正确佩戴和使用,才可以保证个人安全。

(2)"四口"指楼梯口、电梯井口、预留洞口、通道口。"五临边"是指尚未安装栏杆的阳台周边、无外架防护的层面周边、框架工程楼层周边、上下跑道及斜道的两侧边、卸料平台的侧边。

"四口、五临边"是施工现场最危险和最容易发生事故的地方,因此对施工现场重要危险部位进行正确的防护,可以有效地减少事故发生,为工人作业提供一个安全的环境。

3. 做到"三不伤害"

"三不伤害"是指不伤害自己、不伤害他人、不被他人伤害。

施工现场每一个操作人员和管理人员都要增强自我保护意识,同时也要对安全生产自觉负起监督的责任,才能达到全员安全的目的。

施工时经常有上下层或者不同工种、不同队伍互相交叉作业的情况,要避免这时候发生危险。相互间协调好,上层作业时,要对作业区域围蔽,有人值守,防止人员进入作业区下方。此外落物伤人,也是工地经常发生的事故之一,进入施工现场,一定要戴好安全帽。作业过程中,观察周围,不伤害他人,也不被他人伤害,这是工地安全的基本原则。自己不违章,只能保证不伤害自己,不伤害别人。要做到不被别人伤害,就要及时制止他人违章。制止他人违章既保护了自己,也保护了他人。

☾ 4. 加强"三懂三会"能力

"三懂三会"即懂得本岗位和部门有什么火灾危险性,懂得灭火知识,懂得预防措施;会报火警,会使用灭火器材,会处理初起火灾。

☾ 5. 掌握"十项安全技术措施"

(1)按规定使用安全"三宝"。

(2)机械设备防护装置一定要齐全有效。

(3)塔吊等起重设备必须有限位保险装置,不准带病运转,不准超负荷作业,不准在运转中维修保养。

(4)架设电线线路必须符合当地电业局的规定,电气设备必须全部接零接地。

(5)电动机械和手持电动工具要设置漏电保护器。

(6)脚手架材料及脚手架的搭设必须符合规程要求。

(7)各种缆风绳及其设置必须符合规程要求。

(8)在建工程的楼梯口、电梯口、预留洞口、通道口,必须有防护设施。

(9)严禁赤脚或穿高跟鞋、拖鞋进入施工现场,高空作业不准穿硬底和带钉易滑的鞋靴。

(10)施工现场的悬崖、陡坎等危险地区应设警戒标志,夜间要设红灯示警。

☾ 6. 施工现场行走或上下的"十不准"

(1)不准从正在起吊、运吊中的物件下通过。

(2)不准从高处往下跳或奔跑作业。

（3）不准在没有防护的外墙和外壁板等建筑物上行走。

（4）不准站在小推车等不稳定的物体上操作。

（5）不得攀登起重臂、绳索、脚手架、井字架、龙门架和随同运料的吊盘及吊装物上下。

（6）不准进入挂有"禁止出入"或设有危险警示标志的区域、场所。

（7）不准在重要的运输通道或上下行走通道上逗留。

（8）未经允许不准私自进入非本单位作业区域或管理区域，尤其是存有易燃、易爆物品的场所。

（9）严禁在无照明设施、无足够采光条件的区域、场所内行走、逗留。

（10）不准无关人员进入施工现场。

◗ 7. 做到"十不盲目操作"

做到"十不盲目操作"，是防止违章和事故的基本操作要求。

（1）新工人未经三级安全教育，复工换岗人员未经安全岗位教育，不盲目操作。

（2）特殊工种人员、机械操作工未经专门安全培训，无有效安全上岗操作证，不盲目操作。

（3）施工环境和作业对象情况不清，施工前无安全措施或作业安全交底不清，不盲目操作。

（4）新技术、新工艺、新设备、新材料、新岗位无安全措施，未进行安全培训教育、交底，不盲目操作。

（5）安全帽和作业所必需的个人防护用品不落实，不盲目操作。

（6）脚手、吊篮、塔吊、井字架、龙门架、外用电梯、起重机械、电焊机、钢筋机械、木工平刨、圆盘锯、搅拌机、打桩机等设施设备和现浇混凝土模板支撑、搭设安装后,未经验收合格,不盲目操作。

(7)作业场所安全防护措施不落实,安全隐患不排除,威胁人身和国家财产安全时,不盲目操作。

(8)凡上级或管理干部违章指挥,有冒险作业情况时,不盲目操作。

(9)高处作业、带电作业、禁火区作业、易燃易爆作业、爆破性作业、有中毒或窒息危险的作业和科研实验等其他危险作业的,均应由上级指派,并经安全交底;未经指派批准、未经安全交底和无安全防护措施,不盲目操作。

(10)隐患未排除,有自己伤害自己、自己伤害他人、自己被他人伤害的不安全因素存在时,不盲目操作。

8.“防止坠落和物体打击”的十项安全要求

(1)高处作业人员必须着装整齐,严禁穿硬塑料底等易滑鞋、高跟鞋,工具应随手放入工具袋中。

(2)高处作业人员严禁相互打闹,以免失足发生坠落事故。

(3)在进行攀登作业时,攀登用具结构必须牢固可靠,使用必须正确。

(4)各类手持机具使用前应检查,确保安全牢靠。洞口临边作业应防止物件坠落。

(5)施工人员应从规定的通道上下,不得攀爬脚手架、跨越阳台,不得在非规定通道进行攀登、行走。

(6)进行悬空作业时,应有牢靠的立足点并正确系挂安全带;现场应视具体情况配置防护栏网、栏杆或其他安全设施。

(7)高处作业时,所有物料应该堆放平稳,不可放置在临边或洞口附近,且不可妨碍通行。

（8）高处拆除作业时，对拆卸下的物料、建筑垃圾都要加以清理和及时运走，不得在走道上任意乱置或向下丢弃，保持作业走道畅通。

（9）高处作业时，不准往下或向上乱抛材料和工具等物件。

（10）各施工作业场所内，凡有坠落可能的任何物料，都应先行撤除或加以固定，拆卸作业要在设有禁区、有人监护的条件下进行。

9. 防止机械伤害的"一禁、二必须、三定、四不准"

（1）一禁。不懂电器和机械的人员严禁使用和摆弄机电设备。

（2）二必须。

①机电设备应完好，必须有可靠有效的安全防护装置。

②机电设备停电、停工休息时必须拉闸关机，按要求上锁。

（3）三定。

①机电设备应做到定人操作，定人保养、检查。

②机电设备应做到定机管理、定期保养。

③机电设备应做到定岗位和岗位职责。

（4）四不准。

①机电设备不准带病运转。

②机电设备不准超负荷运转。

③机电设备不准在运转时维修保养。

④机电设备运行时，操作人员不准将头、手、身伸入运转的机械行程范围内。

10. "防止车辆伤害"的十项安全要求

（1）未经劳动、公安交通部门培训合格的持证人员，不熟悉车辆性能者不得驾驶车辆。

（2）应坚持做好例保工作，车辆制动器、喇叭、转向系统、灯光等影响安全的部件如作用不良，不准出车。

（3）严禁翻斗车、自卸车的车厢乘人，严禁人货混装，车辆载货应不超载、超高、超宽，捆扎应牢固可靠，应防止车内物体失稳跌落伤人。

（4）乘坐车辆应坐在安全处，头、手、身不得露出车厢外，要避免车辆启动制动时跌倒。

（5）车辆进出施工现场，在场内掉头、倒车，在狭窄场地行驶时应有专人指挥。

（6）现场行车进场要减速，并做到"四慢"，即道路情况不明要慢，线路不良要慢，起步、会车、停车要慢，在狭路、桥梁弯路、坡路、叉道、行人拥挤地点及出入大门时要慢。

（7）临近机动车道的作业区和脚手架等设施以及道路中的路障，应加设安全色标、安全标志和防护措施，并要确保夜间有充足的照明。

（8）装卸车作业时，若车辆停在坡道上，应在车轮两侧用楔形木块加以固定。

（9）人员在场内机动车道应避免右侧行走，并做到不平排结队有碍交通；避让车辆时，应不避让于两车交会之中，不站于旁有堆物无法退让的死角。

（10）机动车辆不得牵引无制动装置的车辆，牵引物体时物体上不得有人，人不得进入正在牵引的物与车之间，坡道上牵引时，车和被牵引物下方不得有人作业和停留。

11."防止触电伤害"的十项安全操作要求

根据安全用电"装得安全、拆得彻底、用得正确、修得及时"

的基本要求,为防止触电伤害的操作要求有:

(1)非电工严禁拆接电气线路、插头、插座、电气设备、电灯等。

(2)使用电气设备前必须检查线路、插头、插座、漏电保护装置是否完好。

(3)电气线路或机具发生故障时,应找电工处理,非电工不得自行修理或排除故障。

(4)使用振捣器等手持电动机械和其他电动机械从事湿作业时,要由电工接好电源,安装上漏电保护器,操作者必须穿戴好绝缘鞋、绝缘手套后再进行作业。

(5)搬迁或移动电气设备必须先切断电源。

(6)搬运钢筋、钢管及其他金属物时,严禁触碰到电线。

(7)禁止在电线上挂晒物料。

(8)禁止使用照明器烘烤、取暖,禁止擅自使用电炉和其他电加热器。

(9)在架空输电线路附近工作时,应停止输电,不能停电时,应有隔离措施,要保持安全距离,防止触碰。

(10)电线必须架空,不得在地面、施工楼面随意乱拖,若必须通过地面、楼面时,应有过路保护,物料、车、人不准压踏碾磨电线。

12. 施工现场防火安全规定

(1)施工现场要有明显的防火宣传标志。

(2)施工现场必须设置临时消防车道。其宽度不得小于3.5m,并保证临时消防车道的畅通,禁止在临时消防车道上堆物、堆料或挤占临时消防车道。

(3)施工现场必须配备消防器材,做到布局合理。要害部位应配备不少于 4 具的灭火器,要有明显的防火标志,并经常检查、维护、保养,保证灭火器材灵敏有效。

(4)施工现场消火栓应布局合理,消防干管直径不小于 100mm,消火栓处昼夜要设有明显标志,配备足够的水龙带,周围 3m 内不准存放物品。地下消火栓必须符合防火规范。

(5)高度超过 24m 的建筑工程,应安装临时消防竖管。管径不得小于 75mm,每层设消火栓口,配备足够的水龙带。消防水要保证足够的水源和水压,严禁消防竖管作为施工用水管线。消防泵房应使用非燃材料建造,位置设置合理,便于操作,并设专人管理,保证消防供水。消防泵的专用配电线路应引自施工现场总断路器的上端,要保证连续不间断供电。

(6)电焊工、气焊工从事电气设备安装的电焊、气焊切割作业,要有操作证和用火证。用火前,要对易燃、可燃物采取清除、隔离等措施,配备看火人员和灭火器具,作业后必须确认无火源隐患后方可离去。用火证当日有效。用火地点变换,要重新办理用火证手续。

(7)氧气瓶、乙炔瓶工作间距不小于 5m,两瓶与明火作业距离不小于 10m。建筑工程内禁止氧气瓶、乙炔瓶存放,禁止使用液化石油气"钢瓶"。

(8)施工现场使用的电气设备必须符合防火要求。临时用电必须安装过载保护装置,电闸箱内不准使用易燃、可燃材料。严禁超负荷使用电气设备。

(9)施工材料的存放、使用应符合防火要求。库房应采用非燃材料支搭,易燃易爆物品应专库储存,分类单独存放,保持通风,用电符合防火规定。不准在工程内、库房内调配油漆、稀料。

(10)工程内部不准作为仓库使用,不准存放易燃、可燃材料,因施工需要进入工程内部的可燃材料,要根据工程计划限量进入并采取可靠的防火措施。废弃材料应及时消除。

（11）施工现场使用的安全网、密目式安全网、密目式防尘网、保温材料，必须符合消防安全规定，不得使用易燃、可燃材料。

（12）施工现场严禁吸烟，不得在建筑工程内部设置宿舍。

（13）施工现场和生活区，未经有关部门批准不得使用电热器具。严禁工程中明火保温施工及宿舍内明火取暖。

（14）从事油漆粉刷或防水等有毒及易燃危险作业时，要有具体的防火要求，必要时派专人看护。

（15）生活区的设置必须符合消防管理规定。严禁使用可燃材料搭设，宿舍内不得卧床吸烟，房间内住 20 人以上必须设置不少于 2 处的安全门，居住 100 人以上，要有消防安全通道及人员疏散预案。

（16）生活区的用电要符合防火规定。食堂使用的燃料必须符合使用规定，用火点和燃料不能在同一房间内，使用时要有专人管理，停火时将总开关关闭，经常检查有无泄漏。

三、高处作业安全知识

1. 高处作业的一般施工安全规定和技术措施

按照《高处作业分级》（GB/T 3608—2008）规定：凡在坠落高度基准面 2m 以上（含 2m）的可能坠落的高处所进行的作业，都称为高处作业。

在施工现场高处作业中，如果未防护、防护不好或作业不当都可能发生人或物的坠落。人从高处坠落的事故，称为高处坠落事故。物体从高处坠落砸着下面人的事故，称为物体打击事故。建筑施工中的高处作业主要包括临边、洞口、攀登、悬空、交叉作业等类型,这些是高处作业伤亡事故可能发生的主要地点。

高处作业时的安全措施有设置防护栏杆,孔洞加盖,安装安全防护门,满挂安全平立网,必要时设置安全防护棚等。

(1)施工前,应逐级进行安全技术教育及交底,落实所有安全技术措施和个人防护用品,未经落实时不得进行施工。

(2)高处作业中的安全标志、工具、仪表、电气设施和各种设备,必须在施工前加以检查,确认其完好,方能投入使用。

(3)悬空、攀登高处作业以及搭设高处安全设施的人员必须按照国家有关规定,经过专门的安全作业培训,并取得特种作业操作资格证书后,方可上岗作业。

(4)从事高处作业的人员必须定期进行身体检查,诊断患有心脏病、贫血、高血压、癫痫病、恐高症及其他不适宜高处作业的疾病时,不得从事高处作业。

(5)高处作业人员应头戴安全帽,身穿紧口工作服,脚穿防滑鞋,腰系安全带。

(6)高处作业场所有坠落可能的物体,应一律先行撤除或予以固定。所用物件均应堆放平稳,不妨碍通行和装卸。工具应随手放入工具袋,拆卸下的物件及余料和废料均应及时清理运走,清理时应采用传递或系绳提溜方式,禁止抛掷。

(7)遇有六级以上强风、浓雾和大雨等恶劣天气,不得进行露天悬空与攀登高处作业。台风暴雨后,应对高处作业安全设施逐一检查,发现有松动、变形、损坏或脱落、漏雨、漏电等现象,应立即修理完善或重新设置。

(8)所有安全防护设施和安全标志等,任何人都不得损坏或擅自移动和拆除。因作业必须临时拆除或变动安全防护设施、安全标志时,必须经有关施工负责人同意,并采取相应的可靠措施,作业完毕后立即恢复。

(9)施工中对高处作业的安全技术设施发现有缺陷和隐患时,必须立即报告,及时解决。危及人身安全时,必须立即停止作业。

2.高处作业的基本安全技术措施

(1)凡是临边作业,都要在临边处设置防护栏杆,一般上杆离地面高度为1.0~1.2m,下杆离地面高度为0.5~0.6m;防护栏杆必须自上而下用安全网封闭,或在栏杆下边设置严密固定的高度不低于18cm的挡脚板或40cm的挡脚竹笆。

(2)对于洞口作业,可根据具体情况采取设防护栏杆、加盖板、张挂安全网与装栅门等措施。

(3)进行攀登作业时,作业人员要从规定的通道上下,不能在阳台之间等非规定通道进行攀登,也不得任意利用吊车车臂架等施工设备进行攀登。

(4)进行悬空作业时,要设有牢靠的作业立足处,并视具体情况设防护栏杆,搭设架手架、操作平台,使用马凳,张挂安全网或其他安全措施;作业所用索具、脚手板、吊篮、吊笼、平台等设备,均需经技术鉴定方能使用。

(5)进行交叉作业时,注意不得在上下同一垂直方向上操作,下层作业的位置必须处于依上层高度确定的可能坠落范围之外。不符合以上条件时,必须设置安全防护层。

(6)结构施工自二层起,凡人员进出的通道口(包括井架、施工电梯的进出口),均应搭设安全防护棚。高度超过24m时,防护棚应设双层。

(7)建筑施工进行高处作业之前,应进行安全防护设施的检查和验收。验收合格后,方可进行高处作业。

3. 高处作业安全防护用品使用常识

由于建筑行业的特殊性,高处作业中发生高处坠落、物体打击事故的比例最大。要避免伤亡事故,作业人员必须正确佩戴安全帽,调好帽箍,系好帽带;正确使用安全带,高挂低用;按规定架设安全网。

(1)安全帽。对人体头部受外力伤害(如物体打击)起防护作用的帽子。使用时要注意:

①选用经有关部门检验合格,其上有"安鉴"标志的安全帽。

②使用安全帽前先检查外壳是否破损,有无合格帽衬,帽带是否齐全,如果不符合要求则立即更换。

③调整好帽箍、帽衬(4~5cm),系好帽带。

(2)安全带。高处作业人员预防坠落伤亡的防护用品。使用时要注意:

①选用经有关部门检验合格的安全带,并保证在使用有效期内。

②安全带严禁打结、续接。

③使用中,要可靠地挂在牢固的地方,高挂低用,且要防止摆动,避免明火和刺割。

④2m 以上的悬空作业,必须使用安全带。

⑤在无法直接挂设安全带的地方,应设置挂安全带的安全拉绳、安全栏杆等。

(3)安全网。用来防止人、物坠落或用来避免、减轻坠落及物体打击伤害的网具。使用时要注意:

①要选用有合格证的安全网;在使用时,必须按规定到有关部门检测、检验合格,方可使用。

②安全网若有破损、老化,应及时更换。

③安全网与架体连接不宜绷得太紧,系结点要沿边分布均匀、绑牢。

④立网不得作为平网使用。

⑤立网必须选用密目式安全网。

四、脚手架作业安全技术常识

1.脚手架的作用及常用架型

脚手架的搭设、拆除作业属悬空、攀登高处作业,其作业人员必须按照国家有关规定经过专门的安全作业培训,并取得特种作业操作资格证书后,方可上岗作业。其他无资格证书的作业人员只能做一些辅助工作,严禁悬空、登高作业。

脚手架的主要作用是在高处作业时供堆料、短距离水平运输及作业人员在上面进行施工作业。高处作业的五种基本类型的安全隐患在脚手架上作业中都会发生。

脚手架应满足以下基本要求:

(1)要有足够的牢固性和稳定性,保证施工期间在所规定的荷载和气候条件下,不产生变形、倾斜和摇晃。

(2)要有足够的使用面积,满足堆料、运输、操作和行走的要求。

(3)构造要简单,搭设、拆除和搬运要方便。

常用脚手架有扣件式钢管脚手架、门型钢管脚手架、碗扣式钢管架等。此外还有附着升降脚手架、吊篮式脚手架、挂式脚手架等。

2.脚手架作业一般安全技术常识

(1)每项脚手架工程都要有经批准的施工方案并严格按照

此方案搭设和拆除,作业前必须组织全体作业人员熟悉施工和作业要求,进行安全技术交底。班组长要带领作业人员对施工作业环境及所需工具、安全防护设施等进行检查,消除隐患后方可作业。

(2)脚手架要结合工程进度搭设,结构施工时脚手架要始终高出作业面一步架,但不宜一次搭得过高。未完成的脚手架,作业人员离开作业岗位(休息或下班)时,不得留有未固定的构件,并应保证架子稳定。

脚手架要经验收签字后方可使用。分段搭设时应分段验收。在使用过程中要定期检查,较长时间停用、台风或暴雨过后使用前要进行检查加固。

(3)落地式脚手架基础必须坚实,若是回填土,必须平整夯实,并做好排水措施,以防止地基沉陷引起架子沉降、变形、倒塌。当基础不能满足要求时,可采取挑、吊、撑等技术措施,将荷载分段卸到建筑物上。

(4)设计搭设高度较小(15m以下)时,可采用抛撑;当设计高度较大时,采用既抗拉又抗压的连墙点(根据规范用柔性或刚性连墙点)。

(5)施工作业层的脚手板要满铺、牢固,离墙间隙不大于15cm,并不得出现探头板;在架子外侧四周设1.2m高的防护栏杆及18cm的挡脚板,且在作业层下装设安全平网;架体外排立杆内侧挂设密目式安全立网。

(6)脚手架出入口须设置规范的通道口防护棚;外侧临街或高层建筑脚手架,其外侧应设置双层安全防护棚。

(7)架子使用中,通常架上的均布荷载,不应超过规范规定。人员、材料不要太集中。

(8)在防雷保护范围之外,应按规定安装防雷保护装置。

（9）脚手架拆除时，应设警戒区和醒目标志，有专人负责警戒；架体上的材料、杂物等应消除干净；架体若有松动或危险的部位，应予以先行加固，再进行拆除。

（10）拆除顺序应遵循"自上而下，后装的构件先拆，先装的后拆，一步一清"的原则，依次进行。不得上下同时拆除作业，严禁用踏步式、分段、分立面拆除法。

（11）拆下来的杆件、脚手板、安全网等应用运输设备运至地面，严禁从高处向下抛掷。

五、施工现场临时用电安全知识

1. 现场临时用电安全基本原则

（1）建筑施工现场的电工、电焊工属于特种作业工种，必须按国家有关规定经专门安全作业培训，取得特种作业操作资格证书，方可上岗作业。其他人员不得从事电气设备及电气线路的安装、维修和拆除。

（2）建筑施工现场必须采用 TN-S 接零保护系统，即具有专用保护零线（PE 线）、电源中性点直接接地的 220/380V 三相五线制系统。

（3）建筑施工现场必须按"三级配电二级保护"设置。

（4）施工现场的用电设备必须实行"一机、一闸、一漏、一箱"制，即每台用电设备必须有自己专用的开关箱，专用开关箱内必须设置独立的隔离开关和漏电保护器。

（5）严禁在高压线下方搭设临建、堆放材料和进行施工作业；在高压线一侧作业时，必须保持至少 6m 的水平距离，达不到上述距离时，必须采取隔离防护措施。

（6）在宿舍工棚、仓库、办公室内，严禁使用电饭煲、电水壶、电炉、电热杯等较大功率电器。如需使用,应由项目部安排专业电工在指定地点安装,可使用较高功率电器的电气线路和控制器。严禁使用不符合安全要求的电炉、电热棒等。

(7)严禁在宿舍内乱拉、乱接电源,非专职电工不准乱接或更换熔丝,不准以其他金属丝代替熔丝(保险丝)。

(8)严禁在电线上晾衣服和挂其他东西等。

(9)搬运较长的金属物体,如钢筋、钢管等材料时,应注意不要碰触到电线。

(10)在临近输电线路的建筑物上作业时,不能随便往下扔金属类杂物;更不能触摸、拉动电线或与电线接触的钢丝和电杆的拉线。

(11)移动金属梯子和操作平台时,要观察高处输电线路与移动物体的距离,确认有足够的安全距离,再进行作业。

(12)在地面或楼面上运送材料时,不要踏在电线上;停放手推车,堆放钢模板、跳板、钢筋时,不要压在电线上。

(13)移动有电源线的机械设备,如电焊机、水泵、小型木工机械等,必须先切断电源,不能带电搬动。

(14)当发现电线坠地或设备漏电时,切不可随意跑动和触摸金属物体,并应保持10m以上距离。

2. 安全电压

安全电压是为防止触电事故而采用的50V以下特定电源供电的电压系列,分为42V、36V、24V、12V和6V五个等级,根据不同的作业条件,选用不同的安全电压等级。建筑施工现场常用的安全电压有12V、24V、36V。

以下特殊场所必须采用安全电压照明供电:

(1)室内灯具离地面低于2.4m、手持照明灯具、一般潮湿作业场所(地下室、潮湿室内、潮湿楼梯、隧道、人防工程以及有高温、导电灰尘等)的照明,电源电压应不大于 36V。

(2)潮湿和易触及带电体场所的照明电源电压,应不大于 24V。

(3)在特别潮湿的场所、锅炉或金属容器内、导电良好的地面使用手持照明灯具等,照明电源电压不得大于 12V。

3. 电线的相色

(1)正确识别电线的相色。

电源线路可分为工作相线(火线)、专用工作零线和专用保护零线。一般情况下,工作相线(火线)带电危险,专用工作零线和专用保护零线不带电(但在不正常情况下,工作零线也可以带电)。

(2)相色规定。

一般相线(火线)分为 A、B、C 三相,分别为黄色、绿色、红色;工作零线为黑色;专用保护零线为黄绿双色线。

严禁用黄绿双色、黑色、蓝色线充当相线,也严禁用黄色、绿色、红色线作为工作零线和保护零线。

4. 插座的使用

要正确使用与安装插座。

(1)插座分类。

常用的插座分为单相双孔、单相三孔和三相三孔、三相四孔等。

(2)选用与安装接线。

①三孔插座应选用"品字形"结构,不应选用等边三角形排列的结构,因为后者容易发生三孔互换,造成触电事故。

②插座在电箱中安装时,必须首先固定安装在安装板上,接地极与箱体一起作可靠的 PE 保护。

③三孔或四孔插座的接地孔(较粗的一个孔),必须置于顶部位置,不可倒置,两孔插座应水平并列安装,不准垂直并列安装。

④插座接线要求:对于两孔插座,左孔接零线,右孔接相线;对于三孔插座,左孔接零线,右孔接相线,上孔接保护零线;对于四孔插座,上孔接保护零线,其他三孔分别接 A、B、C 三根相线。

5. "用电示警" 标志

正确识别"用电示警"标志或标牌,不得随意靠近、随意损坏和挪动标牌(表 3-1)。进入施工现场的每个人都必须认真遵守用电管理规定,见到用电示警标志或标牌时,不得随意靠近,更不准随意损坏、挪动标牌。

表 3-1　　　　　　　　用电示警标志分类和使用

使用 分类	颜色	使用场所
常用电力标志	红色	配电房、发电机房、变压器等重要场所
高压示警标志	字体为黑色,箭头和边框为红色	需高压示警场所
配电房示警标志	字体为红色,边框为黑色(或字与边框交换颜色)	配电房或发电机房
维护检修示警标志	底为红色,字为白色(或字为红色,底为白色,边框为黑色)	维护检修时相关场所
其他用电示警标志	箭头为红色,边框为黑色,字为红色或黑色	其他一般用电场所

◈ 6.电气线路的安全技术措施

（1）施工现场电气线路全部采用"三相五线制"（TN-S 系统）专用保护接零（PE 线）系统供电。

（2）施工现场架空线采用绝缘铜线。

（3）架空线设在专用电杆上，严禁架设在树木、脚手架上。

（4）导线与地面保持足够的安全距离。

导线与地面最小垂直距离：施工现场应不小于 4m；机动车道应不小于 6m；铁路轨道应不小于 7.5m。

（5）无法保证规定的电气安全距离时，必须采取防护措施。

如果由于在建工程位置限制而无法保证规定的电气安全距离，必须采取设置防护性遮拦、栅栏，悬挂警告标志牌等防护措施，发生高压线断线落地时，非检修人员要远离落地处 10m 以外，以防跨步电压危害。

（6）为了防止设备外壳带电发生触电事故，设备应采用保护接零，并安装漏电保护器等措施。作业人员要经常检查保护零线连接是否牢固可靠，漏电保护器是否有效。

（7）在电箱等用电危险地方，挂设安全警示牌。如"有电危险""禁止合闸，有人工作"等。

◈ 7.照明用电的安全技术措施

施工现场临时照明用电的安全要求如下：

（1）临时照明线路必须使用绝缘导线。户内（工棚）临时线路的导线必须安装在离地 2m 以上的支架上；户外临时线路必须安装在离地 2.5m 以上的支架上，零星照明线不允许使用花线，一般应使用软电缆线。

(2)建设工程的照明灯具宜采用拉线开关。拉线开关距地面高度为 2～3m,与出口、入口的水平距离为 0.15～0.2m。

(3)严禁在床头设立开关和插座。

(4)电器、灯具的相线必须经过开关控制。

不得将相线直接引入灯具,也不允许以电气插头代替开关来分合电路,室外灯具距地面不得低于 3m;室内灯具不得低于 2.4m。

(5)使用手持照明灯具(行灯)应符合一定的要求:

①电源电压不超过 36V。

②灯体与手柄应坚固,绝缘良好,并耐热防潮湿。

③灯头与灯体结合牢固。

④灯泡外部要有金属保护网。

⑤金属网、反光罩、悬吊挂钩应固定在灯具的绝缘部位上。

(6)照明系统中每一单相回路上,灯具和插座数量不宜超过 25 个,并应装设熔断电流为 15A 以下的熔断保护器。

8. 配电箱与开关箱的安全技术措施

施工现场临时用电一般采用三级配电方式,即总配电箱(或配电室),下设分配电箱,再以下设开关箱,开关箱以下就是用电设备。

配电箱和开关箱的使用安全要求如下:

(1)配电箱、开关箱的箱体材料,一般应选用钢板,亦可选用绝缘板,但不宜选用木质材料。

(2)配电箱、开关箱应安装端正、牢固,不得倒置、歪斜。

固定式配电箱、开关箱的下底与地面垂直距离应大于或等于 1.3m 且小于或等于 1.5m;移动式配电箱、开关箱的下底与地面的垂直距离应大于或等于 0.6m 且小于或等于 1.5m。

(3)进入开关箱的电源线,严禁用插销连接。

(4)电箱之间的距离不宜太远。

配电箱与开关箱的距离不得超过 30m。开关箱与固定式用电设备的水平距离不宜超过 3m。

(5)每台用电设备应有各自专用的开关箱,且必须满足"一机、一闸、一漏、一箱"的要求,严禁用同一个开关电器直接控制两台及两台以上用电设备(含插座)。

开关箱中必须设漏电保护器,其额定漏电动作电流应不大于 30mA,漏电动作时间应不大于 0.1s。

(6)所有配电箱门应配锁,不得在配电箱和开关箱内挂接或插接其他临时用电设备,开关箱内严禁放置杂物。

(7)配电箱、开关箱的接线应由电工操作,非电工人员不得乱接。

9. 配电箱和开关箱的使用要求

(1)在停电、送电时,配电箱、开关箱之间应遵守合理的操作顺序。

送电操作顺序:总配电箱→分配电箱→开关箱。

断电操作顺序:开关箱→分配电箱→总配电箱。

正常情况下,停电时首先分断自动开关,然后分断隔离开关;送电时先合隔离开关,后合自动开关。

(2)使用配电箱、开关箱时,操作者应接受岗前培训,熟悉所使用设备的电气性能和掌握有关开关的正确操作方法。

(3)及时检查、维修,更换熔断器的熔丝必须用原规格的熔丝,严禁用铜线、铁线代替。

(4)配电箱的工作环境应经常保持设置时的要求,不得在其周围堆放任何杂物,保持必要的操作空间和通道。

（5）维修机器停电作业时，要与电源负责人联系停电，要悬挂警示标志，卸下保险丝，锁上开关箱。

10.手持电动机具的安全使用要求

（1）一般场所应选用Ⅰ类手持式电动工具，并应装设额定漏电动作电流不大于 15mA、额定漏电动作时间小于 0.1s 的漏电保护器。

（2）在露天、潮湿场所或金属构架上操作时，必须选用Ⅱ类手持式电动工具，并装设漏电保护器，严禁使用Ⅰ类手持式电动工具。

（3）负荷线必须采用耐用的橡皮护套铜芯软电缆。

单相用三芯（其中一芯为保护零线）电缆；三相用四芯（其中一芯为保护零线）电缆；电缆不得有破损或老化现象，中间不得有接头。

（4）手持电动工具应配备装有专用的电源开关和漏电保护器的开关箱，严禁一台开关接两台以上设备，其电源开关应采用双刀控制。

（5）手持电动工具开关箱内应采用插座连接，其插头、插座应无损坏、无裂纹，且绝缘良好。

（6）使用手持电动工具前，必须检查外壳、手柄、负荷线、插头等是否完好无损，接线是否正确（防止相线与零线错接）；发现工具外壳、手柄破裂，应立即停止使用并进行更换。

（7）非专职人员不得擅自拆卸和修理工具。

（8）作业人员使用手持电动工具时，应穿绝缘鞋，戴绝缘手套，操作时握其手柄，不得利用电缆提拉。

（9）长期搁置不用或受潮的工具在使用前应由电工测量绝缘阻值是否符合要求。

11. 触电事故及原因分析

(1)缺乏电气安全知识,自我保护意识淡薄。

电气设施安装或接线不是由专业电工操作,而是由非专业人员安装。安装人又无基本的电气安全知识,装设不符合电气基本要求,造成意外的触电事故。发生这种触电事故的原因都是缺乏电气安全知识,无自我保护意识。

(2)违反安全操作规程。

施工现场中,有人图方便,不用插头,在电箱乱拉乱接电线。还有人在宿舍私自拉接电线照明,在床上接音响设备、电风扇,有的甚至烧水、做饭等,极易造成触电事故。也有人凭经验用手去试探电器是否带电或不采取安全措施带电作业,或带着侥幸心理,在带电体(如高压线)周围,不采取任何安全措施,违章作业,造成触电事故等。

(3)不使用"TN-S"接零保护系统。

有的工地未使用"TN-S"接零保护系统,或者未按要求连接专用保护接零线,无有效地安全保护系统。不按"三级配电二级保护""一机、一闸、一漏、一箱"设置,造成工地用电使用混乱,易造成误操作,并且在触电时,使得安全保护系统未起可靠的安全保护效果。

(4)电气设备安装不合格。

电气设备安装必须遵守安全技术规定,否则由于安装错误,当人身接触带电部分时,就会造成触电事故。如电线高度不符合安全要求,太低,架空线乱拉、乱扯,有的还将电线拴在脚手架上,导线的接头只用老化的绝缘布包上,以及电气设备没有做保护接地、保护接零等,一旦漏电就会发生严重触电事故。

(5)电气设备缺乏正常检修和维护。

由于电气设备长期使用,易出现电气绝缘老化、导线裸露、胶盖刀闸胶木破损、插座盖子损坏等。如不及时检修,一旦漏电,将造成严重后果。

(6)偶然因素。

电力线被风刮断,导线接触地面引起跨步电压,当人走近该地区时就会发生触电事故。

六、起重吊装机械安全操作常识

1. 基本要求

塔式起重机、施工电梯、物料提升机等施工起重机械的操作(也称为司机)、指挥、司索等作业人员属特种作业,必须按国家有关规定经专门安全作业培训,取得特种作业操作资格证书,方可上岗作业。

施工起重机械(也称垂直运输设备)必须由有相应的制造(生产)许可证的企业生产,并有出厂合格证。其安装、拆除、加高及附墙施工作业,必须由有相应作业资格的队伍作业,作业人员必须按国家有关规定经专门安全作业培训,取得特种作业操作资格证书,方可上岗作业。其他非专业人员不得上岗作业。安装、拆卸、加高及附墙施工作业前,必须有经审批、审查的施工方案,并进行方案及安全技术交底。

2. 塔式起重机使用安全常识

(1)起重机"十不吊"。

①起重臂和吊起的重物下面有人停留或行走不准吊。

②起重指挥应由技术培训合格的专职人员担任,无指挥或信号不清不准吊。

③钢筋、型钢、管材等细长和多根物件必须捆扎牢靠,多点起吊。单头"千斤"或捆扎不牢靠不准吊。

④多孔板、积灰斗、手推翻斗车不用四点吊或大模板外挂板不用卸甲不准吊。预制钢筋混凝土楼板不准双拼吊。

⑤吊砌块必须使用安全可靠的砌块夹具,吊砖必须使用砖笼,并堆放整齐。木砖、预埋件等零星物件要用盛器堆放稳妥,叠放不齐不准吊。

⑥楼板、大梁等吊物上站人不准吊。

⑦埋入地下的板桩、井点管等以及粘连、附着的物件不准吊。

⑧多机作业,应保证所吊重物距离不小于 3m,在同一轨道上多机作业,无安全措施不准吊。

⑨六级以上强风不准吊。

⑩斜拉重物或超过机械允许荷载不准吊。

(2)塔式起重机吊运作业区域内严禁无关人员入内,起吊物下方不准站人。

(3)司机(操作)、指挥、司索等工种应按有关要求配备,其他人员不得作业。

(4)六级以上强风不准吊运物件。

(5)作业人员必须听从指挥人员的指挥,吊物起吊前作业人员应撤离。

(6)吊物的捆绑要求。

①吊运物件时,应清楚重量,吊运点及绑扎应牢固可靠。

②吊运散件物时,应用铁制合格料斗,料斗上应设有专用的牢固的吊装点;料斗内装物高度不得超过料斗上口边,散粒状的轻浮易撒物盛装高度应低于上口边线 10cm。

③吊运长条状物品(如钢筋、长条状木方等),所吊物件应在

物品上选择两个均匀、平衡的吊点,绑扎牢固。

④吊运有棱角、锐边的物品时,钢丝绳绑扎处应做好防护措施。

3.施工电梯使用安全常识

施工电梯也称外用电梯,也有称为(人、货两用)施工升降机,是施工现场垂直运输人员和材料的主要机械设备。

(1)施工电梯投入使用前,应在首层搭设出入口防护棚,防护棚应符合有关高处作业规范。

(2)电梯在大雨、大雾、六级以上大风以及导轨架、电缆等结冰时,必须停止使用,并将梯笼降到底层,切断电源。暴风雨后,应对电梯各安全装置进行一次检查,确认正常,方可使用。

(3)电梯底笼周围 2.5m 范围,应设置防护栏杆。

(4)电梯各出料口运输平台应平整牢固,还应安装牢固可靠的栏杆和安全门,使用时安全门应保持关闭。

(5)电梯使用应有明确的联络信号,禁止用敲打、呼叫等方式联络。

(6)乘坐电梯时,应先关好安全门,再关好梯笼门,方可启动电梯。

(7)梯笼内乘人或载物时,应使载荷均匀分布,不得偏重;严禁超载运行。

(8)等候电梯时,应站在建筑物内,不得聚集在通道平台上,也不得将头手伸出栏杆和安全门外。

(9)电梯每班首次载重运行时,当梯笼升离地面 1～2m 时,应停机试验制动器的可靠性;当发现制动效果不良时,应调整或修复后方可投入使用。

(10)操作人员应根据指挥信号操作。作业前应鸣声示意。

在电梯未切断总电源开关前,操作人员不得离开操作岗位。

(11)施工电梯发生故障的处理。

①当运行中发现异常情况时,应立即停机并采取有效措施,将梯笼降到底层,排除故障后方可继续运行。

②在运行中发现电梯失控时,应立即按下急停按钮;在未排除故障前,不得打开急停按钮。

③在运行中发现制动器失灵时,可将梯笼开至底层维修;或者让其下滑防坠安全器制动。

④在运行中发现故障时,不要惊慌,电梯的安全装置将提供可靠的保护;应听从专业人员的安排,或等待修复,或听从专业人员的指挥撤离。

(12)作业后,应将梯笼降到底层,各控制开关拨到零位,切断电源,锁好开关箱,闭锁梯笼门和围护门。

🌙 4. 物料提升机使用安全常识

物料提升机有龙门架、井字架式的,也有的称为(货用)施工升降机,是施工现场物料垂直运输的主要机械设备。

(1)物料提升机用于运载物料,严禁载人上下;装卸料人员、维修人员必须在安全装置可靠或采取了可靠的措施后,方可进入吊笼内作业。

(2)物料提升机进料口必须加装安全防护门,并按高处作业规范搭设防护棚,并设安全通道,防止从棚外进入架体中。

(3)物料提升机在运行时,严禁对设备进行保养、维修,任何人不得攀登架体或从架体内穿过。

(4)运载物料的要求。

①运送散料时,应使用料斗装载,并放置平稳;使用手推斗车装置于吊笼时,必须将手推斗车平稳并制动放置,注意车把手

及车不能伸出吊笼。

②运送长料时,物料不得超出吊笼;物料立放时,应捆绑牢固。

③物料装载时,应均匀分布,不得偏重,严禁超载运行。

(5)物料提升机的架体应有附墙或缆风绳,并应牢固可靠,符合说明书和规范的要求。

(6)物料提升机的架体外侧应用小网眼安全网封闭,防止物料在运行时坠落。

(7)禁止在物料提升机架体上进行焊接、切割或者钻孔等作业,防止损伤架体的任何构件。

(8)出料口平台应牢固可靠,并应安装防护栏杆和安全门。运行时安全门应保持关闭。

(9)吊笼上应有安全门,防止物料坠落;并且安全门应与安全停靠装置联锁。安全停靠装置应灵敏可靠。

(10)楼层安全防护门应有电气或机械锁装置,在安全门未可靠关闭时,禁止吊笼运行。

(11)作业人员等待吊笼时,应在建筑物内或者平台内距安全门1m以外处等待。严禁将头、手伸出栏杆或安全门。

(12)进出料口应安装明确的联络信号,高架提升机还应有可视系统。

5.起重吊装作业安全常识

起重吊装是指建筑工程中,采用相应的机械设备和设施来完成结构吊装和设施安装,属于危险作业,作业环境复杂,技术难度大。

(1)作业前应根据作业特点编制专项施工方案,并对参加作业人员进行方案和安全技术交底。

（2）作业时周边应设置警戒区域，设置醒目的警示标志，防止无关人员进入；特别危险处应设监护人员。

（3）起重吊装作业大多数作业点都必须由专业技术人员作业；属于特种作业的人员必须按国家有关规定经专门安全作业培训，取得特种作业操作资格证书，方可上岗作业。

（4）作业人员应根据现场作业条件选择安全的位置作业。在卷扬机与地滑轮穿越钢丝绳的区域，禁止人员站立和通行。

（5）吊装过程必须设有专人指挥，其他人员必须服从指挥。起重指挥不能兼作其他工种，并应确保起重司机清晰准确地听到指挥信号。

（6）作业过程必须遵守起重机"十不吊"原则。

（7）被吊物的捆绑要求，按塔式起重机被吊物捆绑作业要求。

（8）构件存放场地应该平整坚实。构件叠放用方木垫平，必须稳固，不准超高（一般不宜超过 1.6m）。构件存放除设置垫木外，必要时要设置相应的支撑，提高其稳定性。禁止无关人员在堆放的构件中穿行，防止发生构件倒塌挤人事故。

（9）在露天遇六级以上大风或大雨、大雪、大雾等天气时，应停止起重吊装作业。

（10）起重机作业时，起重臂和吊物下方严禁有人停留、工作或通过。重物吊运时，严禁人从上方通过。严禁用起重机载运人员。

（11）经常使用的起重工具注意事项。

①手动倒链：操作人员应经培训合格后方可上岗作业，吊物时应挂牢后慢慢拉动倒链，不得斜向拽拉。当一人拉不动时，应查明原因，禁止多人一齐猛拉。

②手搬葫芦：操作人员应经培训合格后方可上岗作业，使用

前检查自锁夹钳装置的可靠性,当夹紧钢丝绳后,应能往复运动,否则禁止使用。

③千斤顶:操作人员应经培训合格后方可上岗作业,千斤顶置于平整坚实的地面上,并垫木板或钢板,防止地面沉陷。顶部与光滑物接触面应垫硬木,防止滑动。开始操作应逐渐顶升,注意防止顶歪,始终保持重物的平衡。

七、中小型施工机械安全操作常识

1. 基本安全操作要求

施工机械的使用必须按"定人、定机"制度执行。操作人员必须经培训合格,方可上岗作业,其他人员不得擅自使用。机械使用前,必须对机械设备进行检查,各部位确认完好无损,并空载试运行,符合安全技术要求,方可使用。

施工现场机械设备必须按其控制的要求,配备符合规定的控制设备,严禁使用倒顺开关。在使用机械设备时,必须严格按照安全操作规程,严禁违章作业;发现有故障、有异常响动、温度异常升高时,都必须立即停机,经过专业人员维修,并检验合格后,方可重新投入使用。

操作人员应做到"调整、紧固、润滑、清洁、防腐"十字作业的要求,按有关要求对机械设备进行保养。操作人员在作业时,不得擅自离开工作岗位。下班时,应先将机械停止运行,然后断开电源,锁好电箱,方可离开。

2. 混凝土(砂浆)搅拌机安全操作要求

(1)搅拌机的安装一定要平稳、牢固。长期固定使用时,应埋置地脚螺栓;短期使用时,应在机座上铺设木枕或撑架找平,牢固放置。

（2）料斗提升时，严禁在料斗下工作或穿行。清理料斗坑时，必须先切断电源，锁好电箱，并将料斗双保险钩挂牢或插上保险插销。

（3）运转时，严禁将头或手伸入料斗与机架之间查看，不得用工具或物件伸入搅拌筒内。

（4）运转中严禁保养维修。维修保养搅拌机，必须拉闸断电，锁好电箱，挂好"有人工作，严禁合闸"牌，并有专人监护。

3. 混凝土振动器安全操作要求

常用的混凝土振动器有插入式和平板式。

（1）振动器应安装漏电保护装置，保护接零应牢固可靠。作业时操作人员应穿戴绝缘胶鞋和绝缘手套。

（2）使用前，应检查各部位无损伤，并确认连接牢固，旋转方向正确。

（3）电缆线应满足操作所需的长度。严禁用电缆线拖拉或吊挂振动器。振动器不得在初凝的混凝土、地板、脚手架和干硬的地面上进行试振。在检修或作业间断时，应断开电源。

（4）作业时，振动棒软管的弯曲半径不得小于 500mm，并不得多于两个弯，操作时应将振动棒垂直地沉入混凝土，不得用力硬插、斜推或让钢筋夹住棒头，也不得全部插入混凝土中，插入深度不应超过棒长的 3/4，不宜触及钢筋、芯管及预埋件。

（5）作业停止需移动振动器时，应先关闭电动机，再切断电源。不得用软管拖拉电动机。

（6）平板式振动器工作时，应使平板与混凝土保持接触，待表面出浆，不再下沉后，即可缓慢移动；运转时，不得搁置在已凝或初凝的混凝土上。

(7)移动平板式振动器应使用干燥绝缘的拉绳,不得用脚踢电动机。

4. 钢筋切断机安全操作要求

(1)机械未达到正常转速时,不得切料。切料时,应使用切刀的中、下部位,紧握钢筋对准刃口迅速投入,操作者应站在固定刀片一侧用力压住钢筋,应防止钢筋末端弹出伤人。严禁用两手在刀片两边握住钢筋俯身送料。

(2)不得剪切直径及强度超过机械铭牌规定的钢筋和烧红的钢筋。一次切断多根钢筋时,其总截面积应在规定范围内。

(3)切断短料时,手和切刀之间的距离应保持在 150mm 以上,如手握端小于 400mm 时,应采用套管或夹具将钢筋短头压住或夹牢。

(4)运转中严禁用手直接清除切刀附近的断头和杂物。钢筋摆动周围和切刀周围,不得停留非操作人员。

5. 钢筋弯曲机安全操作要求

(1)应按加工钢筋的直径和弯曲半径的要求,装好相应规格的芯轴和成型轴、挡铁轴。芯轴直径应为钢筋直径的 2.5 倍。挡铁轴应有轴套,挡铁轴的直径和强度不得小于被弯钢筋的直径和强度。

(2)作业时,应将钢筋需弯曲一端插入转盘固定销的间隙内,另一端紧靠机身固定销,并用手压紧;应检查机身固定销并确认安放在挡住钢筋的一侧,方可开动。

(3)作业中,严禁更换轴芯、销子和变换角度以及调整,也不得进行清扫和加油。

（4）对超过机械铭牌规定直径的钢筋严禁进行弯曲。不直的钢筋不得在弯曲机上弯曲。

（5）在弯曲钢筋的作业半径内和机身不设固定销的一侧严禁站人。

（6）转盘换向时，应待停稳后进行。

（7）作业后，应及时清除转盘及插入座孔内的铁锈、杂物等。

6. 钢筋调直切断机安全操作要求

（1）应按调直钢筋的直径，选用适当的调直块及传动速度。调直块的孔径应比钢筋直径大 2～5mm，传动速度应根据钢筋直径选用，直径大的宜选用慢速，经调试合格，方可作业。

（2）在调直块未固定、防护罩未盖好前不得送料。作业中严禁打开各部防护罩并调整间隙。

（3）当钢筋送入后，手与轮应保持一定的距离，不得接近。

（4）送料前应将不直的钢筋端头切除。导向筒前应安装一根 1m 长的钢管，钢筋应穿过钢管再送入调直机前端的导孔内。

7. 钢筋冷拉安全操作要求

（1）卷扬机的位置应使操作人员能见到全部的冷拉场地，卷扬机与冷拉中线的距离不得少于 5m。

（2）冷拉场地应在两端地锚外侧设置警戒区，并应安装防护栏及醒目的警示标志。严禁非作业人员在此停留。操作人员在作业时必须离开钢筋 2m 以外。

（3）卷扬机操作人员必须看到指挥人员发出的信号，并待所有的人员离开危险区后方可作业。冷拉应缓慢、均匀。当有停车信号或有人进入危险区时，应立即停拉，并稍稍放松卷扬机钢丝绳。

(4)夜间作业的照明设施,应装设在张拉危险区外。当需要装设在场地上空时,其高度应超过 5m。灯泡应加防护罩。

8. 圆盘锯安全操作要求

(1)锯片必须平整,锯齿尖锐,不得连续缺齿 2 个,裂纹长度不得超过 20mm。

(2)被锯木料厚度,以锯片能露出木料 10～20mm 为限。

(3)启动后,必须等待转速正常后,方可进行锯料。

(4)关料时,不得将木料左右晃动或者高抬,遇木节要慢送料。锯料长度不小于 500mm。接近端头时,应用推棍送料。

(5)若锯线走偏,应逐渐纠正,不得猛扳。

(6)操作人员不应站在锯片同一直线上操作。手臂不得跨越锯片工作。

9. 蛙式夯实机安全操作要求

(1)夯实作业时,应一人扶夯,一人传递电缆线,且必须戴绝缘手套和穿绝缘鞋。电缆线不得扭结或缠绕,且不得张拉过紧,应保持有 3～4m 的余量。移动时,应将电缆线移至夯机后方,不得隔机扔电缆线,当转向困难时,应停机调整。

(2)作业时,手握扶手应保持机身平衡,不得用力向后压,并应随时调整行进方向。转弯时不宜用力过猛,不得急转弯。

(3)夯实填高土方时,应在边缘以内 100～150mm 夯实 2～3 遍后,再夯实边缘。

(4)在较大基坑作业时,不得在斜坡上夯行,应避免造成夯头后折。

(5)夯实房心土时,夯板应避开房心地下构筑物、钢筋混凝土基桩、机座及地下管道等。

（6）在建筑物内部作业时，夯板或偏心块不得打在墙壁上。

（7）多机作业时，机平列间距不得小于 5m，前后间距不得小于 10m。

（8）夯机前进方向和夯机四周 1m 范围内，不得站立非操作人员。

10. 振动冲击夯安全操作要求

（1）内燃冲击夯启动后，内燃机应慢速运转 3～5min，然后逐渐加大油门，待夯机跳动稳定后，方可作业。

（2）电动冲击夯在接通电源启动后，应检查电动机旋转方向，有错误时应倒换相联系线。

（3）作业时应正确掌握夯机，不得倾斜，手把不宜握得过紧，能控制夯机前进速度即可。

（4）正常作业时，不得使劲往下压手把，以免影响夯机跳起高度。在较松的填料上作业或上坡时，可将手把稍向下压，增加夯机前进速度。

（5）电动冲击夯操作人员必须戴绝缘手套，穿绝缘鞋。作业时，电缆线不应拉得过紧，应经常检查线头安装，不得松动及引起漏电。严禁冒雨作业。

11. 潜水泵安全操作要求

（1）潜水泵宜先装在坚固的篮筐里再放入水中，亦可在水中将泵的四周设立坚固的防护围网。泵应直立于水中，水深不得小于 0.5m，不得在含有泥沙的水中使用。

（2）潜水泵放入水中或提出水面时，应先切断电源，严禁拉拽电缆或出水管。

（3）潜水泵应装设保护接零和漏电保护装置，工作时泵周围

30m 以内水面,不得有人、畜进入。

(4)应经常观察水位变化,叶轮中心至水平距离应在 0.5～3.0m 之间,泵体不得陷入污泥或露出水面。电缆不得与井壁、池壁相擦。

(5)每周应测定一次电动机定子绕组的绝缘电阻,其值应无下降。

12. 交流电焊机安全操作要求

(1)外壳必须有保护接零,应有二次空载降压保护器和触电保护器。

(2)电源应使用自动开关,接线板应无损坏,有防护罩。一次线长度不超过 5m,二次线长度不得超过 30m。

(3)焊接现场 10m 范围内,不得有易燃、易爆物品。

(4)雨天不得室外作业。在潮湿地点焊接时,要站在胶板或其他绝缘材料上。

(5)移动电焊机时,应切断电源,不得用拖拉电缆的方法移动。当焊接中突然停电时,应立即切断电源。

13. 气焊设备安全操作要求

(1)氧气瓶与乙炔瓶使用时的间距不得小于 5m,存放时的间距不得小于 3m,并且距高温、明火等不得小于 10m;达不到上述要求时,应采取隔离措施。

(2)乙炔瓶存放和使用必须立放,严禁倒放。

(3)在移动气瓶时,应使用专门的抬架或小推车;严禁氧气瓶与乙炔瓶混合搬运;禁止直接使用钢丝绳、链条捆绑搬运。

(4)开关气瓶应使用专用工具。

(5)严禁敲击、碰撞气瓶,作业人员工作时不得吸烟。

第4部分　相关法律法规及务工常识

一、相关法律法规(摘录)

🎵 1. 中华人民共和国建筑法(摘录)

第三十六条　建筑工程安全生产管理必须坚持安全第一、预防为主的方针,建立健全安全生产的责任制度和群防群治制度。

第四十四条　建筑施工企业必须依法加强对建筑安全生产的管理,执行安全生产责任制度,采取有效措施,防止伤亡和其他安全生产事故的发生。

建筑施工企业的法定代表人对本企业的安全生产负责。

第四十六条　建筑施工企业应当建立健全劳动安全生产教育培训制度,加强对职工安全生产的教育培训;未经安全生产教育培训的人员,不得上岗作业。

第四十七条　建筑施工企业和作业人员在施工过程中,应当遵守有关安全生产的法律、法规和建筑行业安全规章、规程,不得违章指挥或者违章作业。作业人员有权对影响人身健康的作业程序和作业条件提出改进意见,有权获得安全生产所需的防护用品。作业人员对危及生命安全和人身健康的行为有权提出批评、检举和控告。

第四十八条　建筑施工企业应当依法为职工参加工伤保险,缴纳工伤保险费,鼓励企业为从事危险作业的职工办理意外伤害保险,支付保险费。

第五十一条 施工中发生事故时,建筑施工企业应当采取紧急措施减少人员伤亡和事故损失,并按照国家有关规定及时向有关部门报告。

2. 中华人民共和国劳动法(摘录)

第三条 劳动者享有平等就业和选择职业的权利、取得劳动报酬的权利、休息休假的权利、获得劳动安全卫生保护的权利、接受职业技能培训的权利、享受社会保险和福利的权利、提请劳动争议处理的权利以及法律规定的其他劳动权利。劳动者应当完成劳动任务,提高职业技能,执行劳动安全卫生规程,遵守劳动纪律和职业道德。

第十五条 禁止用人单位招用未满十六周岁的未成年人。

第十六条 劳动合同是劳动者与用人单位确立劳动关系、明确双方权利和义务的协议。

建立劳动关系应当订立劳动合同。

第五十四条 用人单位必须为劳动者提供符合国家规定的劳动安全卫生条件和必要的劳动防护用品,对从事有职业危害作业的劳动者应当定期进行健康检查。

第五十五条 从事特种作业的劳动者必须经过专门培训并取得特种作业资格。

第五十六条 劳动者在劳动过程中必须严格遵守安全操作规程。劳动者对用人单位管理人员违章指挥、强令冒险作业,有权拒绝执行;对危害生命安全和身体健康的行为,有权提出批评、检举和控告。

第五十八条 国家对女职工和未成年工实行特殊劳动保护。

未成年工是指年满十六周岁、未满十八周岁的劳动者。

第六十八条　用人单位应当建立职业培训制度，按照国家规定提取和使用职业培训经费，根据本单位实际，有计划地对劳动者进行职业培训。从事技术工种的劳动者，上岗前必须经过培训。

第七十二条　用人单位和劳动者必须依法参加社会保险，缴纳社会保险费。

第七十七条　用人单位与劳动者发生劳动争议，当事人可以依法申请调解、仲裁、提起诉讼，也可协商解决。调解原则适用于仲裁和诉讼程序。

3. 中华人民共和国安全生产法（摘录）

第六条　生产经营单位的从业人员有依法获得安全生产保障的权利，并应当依法履行安全生产方面的义务。

第十七条　生产经营单位应当具备本法和有关法律、行政法规和国家标准或者行业标准规定的安全生产条件；不具备安全生产条件的，不得从事生产经营活动。

第十八条　生产经营单位的主要负责人对本单位安全生产工作负有下列职责：

（一）建立、健全本单位安全生产责任制；

（二）组织制定本单位安全生产规章制度和操作规程；

（三）组织制定并实施本单位安全生产教育和培训计划；

（四）保证本单位安全生产投入的有效实施；

（五）督促、检查本单位的安全生产工作，及时消除生产安全事故隐患；

（六）组织制定并实施本单位的生产安全事故应急救援预案；

（七）及时、如实报告生产安全事故。

第二十五条　生产经营单位应当对从业人员进行安全生产教育和培训，保证从业人员具备必要的安全生产知识，熟悉有关的安全生产规章制度和安全操作规程，掌握本岗位的安全操作技能，了解事故应急处理措施，知悉自身在安全生产方面的权利和义务。未经安全生产教育和培训合格的从业人员，不得上岗作业。

第二十七条　生产经营单位的特种作业人员必须按照国家有关规定经专门的安全作业培训，取得相应资格，方可上岗作业。

特种作业人员的范围由国务院安全生产监督管理部门会同国务院有关部门确定。

第四十一条　生产经营单位应当教育和督促从业人员严格执行本单位的安全生产规章制度和安全操作规程；并向从业人员如实告知作业场所和工作岗位存在的危险因素、防范措施以及事故应急措施。

第四十二条　生产经营单位必须为从业人员提供符合国家标准或者行业标准的劳动防护用品，并监督、教育从业人员按照使用规则佩戴、使用。

第四十四条　生产经营单位应当安排用于配备劳动防护用品、进行安全生产培训的经费。

第四十八条　生产经营单位必须依法参加工伤保险，为从业人员缴纳保险费。

国家鼓励生产经营单位投保安全生产责任保险。

第四十九条　生产经营单位与从业人员订立的劳动合同，应当载明有关保障从业人员劳动安全、防止职业危害的事项，以及依法为从业人员办理工伤保险的事项。

生产经营单位不得以任何形式与从业人员订立协议,免除或者减轻其对从业人员因生产安全事故伤亡依法应承担的责任。

第五十条　生产经营单位的从业人员有权了解其作业场所和工作岗位存在的危险因素、防范措施及事故应急措施,有权对本单位的安全生产工作提出建议。

第五十一条　从业人员有权对本单位安全生产工作中存在的问题提出批评、检举、控告,有权拒绝违章指挥和强令冒险作业。

生产经营单位不得因从业人员对本单位安全生产工作提出批评、检举、控告或者拒绝违章指挥、强令冒险作业而降低其工资、福利等待遇,或者解除与其订立的劳动合同。

第五十二条　从业人员发现直接危及人身安全的紧急情况时,有权停止作业或者在采取可能的应急措施后撤离作业场所。

生产经营单位不得因从业人员在前款紧急情况下停止作业或者采取紧急撤离措施而降低其工资、福利等待遇或者解除与其订立的劳动合同。

第五十三条　因生产安全事故受到损害的从业人员,除依法享有工伤保险外,依照有关民事法律尚有获得赔偿的权利的,有权向本单位提出赔偿要求。

第五十四条　从业人员在作业过程中,应当严格遵守本单位的安全生产规章制度和操作规程,服从管理,正确佩戴和使用劳动防护用品。

第五十五条　从业人员应当接受安全生产教育和培训,掌握本职工作所需的安全生产知识,提高安全生产技能,增强事故预防和应急处理能力。

第五十六条　从业人员发现事故隐患或者其他不安全因

素,应当立即向现场安全生产管理人员或者本单位负责人报告;接到报告的人员应当及时予以处理。

4. 建设工程安全生产管理条例(摘录)

第十八条 施工起重机械和整体提升脚手架、模板等自升式架设设施的使用达到国家规定的检验、检测期限的,必须经具有专业资质的检验、检测机构检测。经检测不合格的,不得继续使用。

第二十五条 垂直运输机械作业人员、安装拆卸工、爆破作业人员、起重信号工、登高架设作业人员等特种作业人员,必须按照国家有关规定经过专门的安全作业培训,并取得特种作业操作资格证书后,方可上岗作业。

第二十七条 建设工程施工前,施工单位负责项目管理的技术人员应当对有关安全施工的技术要求向施工作业班组、作业人员做出详细说明,并由双方签字确认。

第二十八条 施工单位应当在施工现场入口处、施工起重机械、临时用电设施、脚手架、出入通道口、楼梯口、电梯井口、孔洞口、桥梁口、隧道口、基坑边沿、爆破物及有害危险气体和液体存放处等危险部位,设置明显的安全警示标志。安全标志必须符合国家标准。

第二十九条 施工单位应当将施工现场的办公、生活区与作业区分开设置,并保持安全距离;办公、生活区的选择应当符合安全性要求。职工的膳食、饮水、休息场所等应当符合卫生标准。施工单位不得在尚未竣工的建筑物内设置员工集体宿舍。

施工现场临时搭建的建筑物应当符合安全使用要求。施工现场使用的装配式活动房屋应当具有产品合格证。

第三十二条 施工单位应当向作业人员提供安全防护用具

和安全防护服装,并书面告知危险岗位的操作规程和违章操作的危害。

作业人员有权对施工现场的作业条件、作业程序和作业方式中存在的安全问题提出批评、检举和控告,有权拒绝违章指挥和强令冒险作业。

在施工中发生危及人身安全的紧急情况时,作业人员有权立即停止作业或者在采取必要的应急措施后撤离危险区域。

第三十三条　作业人员应当遵守安全施工的强制性标准、规章制度和操作规程,正确使用安全防护用具、机械设备等。

第三十六条　施工单位应当对管理人员和作业人员每年至少进行一次安全生产教育培训,其教育培训情况记入个人工作档案。安全生产教育培训考核不合格的人员,不得上岗。

第三十七条　作业人员进入新的岗位或者新的施工现场前,应当接受安全生产教育培训。未经教育培训或者教育培训考核不合格的人员,不得上岗作业。

施工单位在采用新技术、新工艺、新设备、新材料时,应当对作业人员进行相应的安全生产教育培训。

第三十八条　施工单位应当为施工现场从事危险作业的人员办理意外伤害保险。

意外伤害保险费由施工单位支付。

5. 工伤保险条例(摘录)

第二条　中华人民共和国境内的企业、事业单位、社会团体、民办非企业单位、基金会、律师事务所、会计师事务所等组织和有雇工的个体工商户(以下称用人单位)应当依照本条例规定参加工伤保险,为本单位全部职工或者雇工(以下称职工)缴纳工伤保险费。

中华人民共和国境内的企业、事业单位、社会团体、民办非企业单位、基金会、律师事务所、会计师事务所等组织的职工和个体工商户的雇工，均有依照本条例的规定享受工伤保险待遇的权利。

第十条 用人单位应当按时缴纳工伤保险费。职工个人不缴纳工伤保险费。

第二十一条 职工发生工伤，经治疗伤情相对稳定后存在残疾、影响劳动能力的，应当进行劳动能力鉴定。

第三十条 职工因工作遭受事故伤害或者患职业病进行治疗，享受工伤医疗待遇……

二、务工就业及社会保险

1. 劳动合同

（1）用人单位应当依法与劳动者签订劳动合同。

劳动合同是劳动者与用人单位确立劳动关系、明确双方权利和义务的协议。建立劳动关系应当订立劳动合同。订立和变更劳动合同，应遵循平等自愿、协商一致的原则，不得违反法律、行政法规的规定。劳动合同应当具备以下必备条款：

①劳动合同期限。即劳动合同的有效时间。

②工作内容。即劳动者在劳动合同有效期内所从事的工作岗位（工种），以及工作应达到的数量、质量指标或者应当完成的任务。

③劳动保护和劳动条件。即为了保障劳动者在劳动过程中的安全、卫生及其他劳动条件，用人单位根据国家有关法律、法规而采取的各项保护措施。

④劳动报酬。即在劳动者提供了正常劳动的情况下，用人

单位应当支付的工资。

⑤劳动纪律。即劳动者在劳动过程中必须遵守的工作秩序和规则。

⑥劳动合同终止的条件。即除了期限以外其他由当事人约定的特定法律事实,这些事实一出现,双方当事人之间的权利义务关系终止。

⑦违反劳动合同的责任。即当事人不履行劳动合同或者不完全履行劳动合同,所应承担的相应法律责任。

(2)试用期应包括在劳动合同期限之中。

根据《中华人民共和国劳动法》(以下简称《劳动法》)规定,用人单位与劳动者签订的劳动合同期限可以分为三类:

①有固定期限,即在合同中明确约定效力期间,期限可长可短,长到几年、十几年,短到一年或者几个月。

②无固定期限,即劳动合同中只约定了起始日期,没有约定具体终止日期。无固定期限劳动合同可以依法约定终止劳动合同条件,在履行中只要不出现约定的终止条件或法律规定的解除条件,一般不能解除或终止,劳动关系可以一直存续到劳动者退休为止。

③以完成一定的工作为期限,即以完成某项工作或者某项工程为有效期限,该项工作或者工程一经完成,劳动合同即终止。

签订劳动合同可以不约定试用期,也可以约定试用期,但试用期最长不得超过 6 个月。劳动合同期限在 6 个月以下的,试用期不得超过 15 日;劳动合同期限在 6 个月以上 1 年以下的,试用期不得超过 30 日;劳动合同期限在 1 年以上 2 年以下的,试用期不得超过 60 日。试用期包括在劳动合同期限中。非全日制劳动合同,不得约定试用期。

（3）订立劳动合同时，用人单位不得向劳动者收取定金、保证金或扣留居民身份证。

根据劳动保障部《劳动力市场管理规定》，禁止用人单位招用人员时向求职者收取招聘费用、向被录用人员收取保证金或抵押金、扣押被录用人员的身份证等证件。用人单位违反规定的，由劳动保障行政部门责令改正，并可处以 1000 元以下罚款；对当事人造成损害的，应承担赔偿责任。

（4）劳动者不必履行无效的劳动合同。

①无效的劳动合同是指不具有法律效力的劳动合同。根据《劳动法》的规定，下列劳动合同无效：

a.违反法律、行政法规的劳动合同。

b.采取欺诈、威胁等手段订立的劳动合同。劳动合同的无效，由劳动争议仲裁委员会或者人民法院确认。无效的劳动合同，从订立的时候起，就没有法律约束力。也就是说，劳动者自始至终都无须履行无效劳动合同。确认劳动合同部分无效的，如果不影响其余部分的效力，其余部分仍然有效。

②由于用人单位的原因订立的无效合同，对劳动者造成损害的，应当承担赔偿责任。具体包括：

a.造成劳动者工资收入损失的，按劳动者本人应得工资收入支付给劳动者，并加付应得工资收入 25％的赔偿费用。

b.造成劳动者劳动保护待遇损失的，应按国家规定补足劳动者的劳动保护津贴和用品。

c.造成劳动者工伤、医疗待遇损失的，除按国家规定为劳动者提供工伤、医疗待遇外，还应支付劳动者相当于医疗费用 25％的赔偿费用。

d.造成女职工和未成年工身体健康损害的，除按国家规定提供治疗期间的医疗待遇外，还应支付相当于其医疗费用 25％

的赔偿费用。

e. 劳动合同约定的其他赔偿费用。

（5）用人单位不得随意变更劳动合同。

劳动合同的变更，是指劳动关系双方当事人就已订立的劳动合同的部分条款达成修改、补充或者废止协定的法律行为。《劳动法》规定，变更劳动合同，应当遵循平等自愿、协商一致的原则，不得违反法律、行政法规的规定。经双方协商同意依法变更后的劳动合同继续有效，对双方当事人都有约束力。

（6）解除劳动合同应当符合《劳动法》的规定。

劳动合同的解除，是指劳动合同有效成立后至终止前这段时期内，当具备法律规定的劳动合同解除条件时，因用人单位或劳动者一方或双方提出，而提前解除双方的劳动关系。根据《劳动法》的规定，劳动者可以和用人单位协商解除劳动合同，也可以在符合法律规定的情况下单方解除劳动合同。

①劳动者单方解除。

a.《劳动法》第三十一条规定：劳动者解除劳动合同，应当提前三十日以书面形式通知用人单位。这是劳动者解除劳动合同的条件和程序。劳动者提前三十日以书面形式通知用人单位解除劳动合同，无须征得用人单位的同意，用人单位应及时办理有关解除劳动合同的手续。但由于劳动者违反劳动合同的有关约定而给用人单位造成经济损失的，应依据有关规定和劳动合同的约定，由劳动者承担赔偿责任。

b.《劳动法》第三十二条规定：有下列情形之一的，劳动者可以随时通知用人单位解除劳动合同：

（a）在试用期内的；

（b）用人单位以暴力、威胁或者非法限制人身自由的手段强迫劳动的；

(c)用人单位未按照劳动合同约定支付劳动报酬或者提供劳动条件的。

②用人单位单方解除。

a.《劳动法》第二十五条规定,劳动者有下列情形之一的,用人单位可以解除劳动合同:

(a)在试用期间被证明不符合录用条件的;

(b)严重违反劳动纪律或者用人单位规章制度的;

(c)严重失职、营私舞弊,对用人单位利益造成重大损害的;

(d)被依法追究刑事责任的。

b.《劳动法》第二十六条规定:有下列情形之一的,用人单位可以解除劳动合同,但是应当提前三十日以书面形式通知劳动者本人:

(a)劳动者患病或者非因工负伤,医疗期满后,既不能从事原工作也不能从事由用人单位另行安排的工作的;

(b)劳动者不能胜任工作,经过培训或者调整工作岗位,仍不能胜任工作的;

(c)劳动合同订立时所依据的客观情况发生重大变化,致使原劳动合同无法履行,经当事人协商不能就变更劳动合同达成协议的。

c.《劳动法》第二十七条规定:用人单位濒临破产进行法定整顿期间或者生产经营状况发生严重困难,确需裁减人员的,应当提前三十日向工会或者全体职工说明情况,听取工会或者职工的意见,经向劳动保障行政部门报告后,可以裁减人员。并且规定,用人单位自裁减人员之日起六个月内录用人员的,应当优先录用被裁减的人员。

(7)用人单位解除劳动合同应当依法向劳动者支付经济补偿金。

根据《劳动法》规定,在下列情况下,用人单位解除与劳动者的劳动合同,应当根据劳动者在本单位的工作年限,每满一年发给相当于一个月工资的经济补偿金:

①经劳动合同当事人协商一致,由用人单位解除劳动合同的。

②劳动者不能胜任工作,经过培训或者调整工作岗位仍不能胜任工作,由用人单位解除劳动合同的。

以上两种情况下支付经济补偿金,最多不超过12个月。

③劳动合同订立时所依据的客观情况发生了重大变化,致使原劳动合同无法履行,经当事人协商不能就变更劳动合同达成协议,由用人单位解除劳动合同的。

④用人单位濒临破产进行法定整顿期间或者生产经营状况发生严重困难,必须裁减人员,由用人单位解除劳动合同的。

⑤劳动者患病或者非因工负伤,经劳动鉴定委员会确认不能从事原工作,也不能从事用人单位另行安排的工作而解除劳动合同的;在这类情况下,同时应发给不低于6个月工资的医疗补助费。劳动者患重病或者绝症的还应增加医疗补助费,患重病的增加部分不低于医疗补助费的50%,患绝症的增加部分不低于医疗补助费的100%。

另外,用人单位解除劳动者劳动合同后,未按以上规定给予劳动者经济补偿的,除必须全额发给经济补偿金外,还须按欠发经济补偿金数额的50%支付额外经济补偿金。

经济补偿金应当一次性发给。劳动者在本单位工作时间不满一年的按一年的标准计算。计算经济补偿金的工资标准是企业正常生产情况下,劳动者解除合同前12个月的月平均工资;在以上第③、④、⑤类情况下,给予经济补偿金的劳动者月平均工资低于企业月平均工资的,应按企业月平均工资支付。

(8)用人单位不得随意解除劳动合同。

《劳动法》及《违反〈劳动法〉有关劳动合同规定的赔偿办法》(劳部发[1995]223号)规定,用人单位不得随意解除劳动合同。用人单位违法解除劳动合同的,由劳动保障行政部门责令改正;对劳动者造成损害的,应当承担赔偿责任。具体赔偿标准是:

①造成劳动者工资收入损失的,按劳动者本人应得工资收入支付劳动者,并加付应得工资收入25%的赔偿费用。

②造成劳动者劳动保护待遇损失的,应按国家规定补足劳动者的劳动保护津贴和用品。

③造成劳动者工伤、医疗待遇损失的,除按国家规定为劳动者提供工伤、医疗待遇外,还应支付劳动者相当于医疗费用25%的赔偿费用。

④造成女职工和未成年工身体健康损害的,除按国家规定提供治疗期间的医疗待遇外,还应支付相当于其医疗费用25%的赔偿费用。

⑤劳动合同约定的其他赔偿费用。

2. 工资

(1)用人单位应该按时足额支付工资。

《劳动法》中的"工资"是指用人单位依据国家有关规定或劳动合同的约定,以货币形式直接支付给本单位劳动者的劳动报酬,一般包括计时工资、计件工资、奖金、津贴和补贴、延长工作时间的工资报酬以及特殊情况下支付的工资等。

(2)用人单位不得克扣劳动者工资。

《劳动法》以及《违反〈中华人民共和国劳动法〉行政处罚办法》等规定,用人单位不得克扣劳动者工资。用人单位克扣劳动者工资的,由劳动保障行政部门责令支付劳动者的工资报酬,并加发相当于工资报酬 25％的经济补偿金。并可责令用人单位按相当于支付劳动者工资报酬、经济补偿总和的一至五倍支付劳动者赔偿金。

"克扣工资"是指用人单位无正当理由扣减劳动者应得工资（即在劳动者已提供正常劳动的前提下，用人单位按劳动合同规定的标准应当支付给劳动者的全部劳动报酬）。

（3）用人单位不得无故拖欠劳动者工资。

《劳动法》以及《违反〈中华人民共和国劳动法〉行政处罚办法》等规定，用人单位无故拖欠劳动者工资的，由劳动保障行政部门责令支付劳动者的工资报酬，并加发相当于工资报酬 25％的经济补偿金。并可责令用人单位按相当于支付劳动者工资报酬、经济补偿总和的一至五倍支付劳动者赔偿金。

"无故拖欠工资"是指用人单位无正当理由超过规定付薪时间未支付劳动者工资。

（4）农民工工资标准。

①在劳动者提供正常劳动的情况下，用人单位支付的工资不得低于当地最低工资标准。

根据《劳动法》、劳动保障部《最低工资规定》等规定，在劳动者提供正常劳动的情况下，用人单位应支付给劳动者的工资在剔除下列各项以后，不得低于当地最低工资标准：

a. 延长工作时间工资。

b. 中班、夜班、高温、低温、井下、有毒有害等特殊工作环境条件下的津贴。

c. 法律、法规和国家规定的劳动者福利待遇等。

实行计件工资或提成工资等工资形式的用人单位，在科学合理的劳动定额基础上，其支付劳动者的工资不得低于相应的最低工资标准。

用人单位违反以上规定的,由劳动保障行政部门责令其限期补发所欠劳动者工资,并可责令其按所欠工资的一至五倍支付劳动者赔偿金。

②在非全日制劳动者提供正常劳动的情况下,用人单位支付的小时工资不得低于当地小时工资最低标准。

劳动保障部《最低工资规定》《关于非全日制用工若干问题的意见》规定,非全日制用工是指以小时计酬、劳动者在同一用人单位平均每日工作时间不超过5h、累计每周工作时间不超过30h的用工形式。用人单位应当按时足额支付非全日制劳动者的工资,具体可以按小时、日、周或月为单位结算。在非全日制劳动者提供正常劳动的情况下,用人单位支付的小时工资不得低于当地小时工资最低标准。非全日制用工的小时工资最低标准由省、自治区、直辖市规定。

③用人单位安排劳动者加班加点应依法支付加班加点工资。

《劳动法》以及《违反〈中华人民共和国劳动法〉行政处罚办法》等规定,用人单位安排劳动者加班加点应依法支付加班加点工资。用人单位拒不支付加班加点工资的,由劳动保障行政部门责令支付劳动者的工资报酬,并加发相当于工资报酬25%的经济补偿金。并可责令用人单位按相当于支付劳动者工资报酬、经济补偿总和的一至五倍支付劳动者赔偿金。

劳动者日工资可统一按劳动者本人的月工资标准除以每月制度工作天数进行折算。职工全年月平均工作天数和工作时间分别为20.92天和167.4h,职工的日工资和小时工资按此进行折算。

3. 社会保险

(1)农民工有权参加基本医疗保险。

根据国家有关规定,各地要逐步将与用人单位形成劳动关系的农村进城务工人员纳入医疗保险范围。根据农村进城务工人员的特点和医疗需求,合理确定缴费率和保障方式,解决他们在务工期间的大病医疗保障问题,用人单位要按规定为其缴纳医疗保险费。对在城镇从事个体经营等灵活就业的农村进城务工人员,可以按照灵活就业人员参保的有关规定参加医疗保险。据此,在已经将农民工纳入医疗保险范围的地区,农民工有权参加医疗保险,用人单位和农民工本人应依法缴纳医疗保险费,农民工患病时,可以按照规定享受有关医疗保险待遇。

(2)农民工有权参加基本养老保险。

按照国务院《社会保险费征缴暂行条例》等有关规定,基本养老保险覆盖范围内的用人单位的所有职工,包括农民工,都应该参加养老保险,履行缴费义务。参加养老保险的农民合同制职工,在与企业终止或解除劳动关系后,由社会保险经办机构保留其养老保险关系,保管其个人账户并计息。凡重新就业的,应接续或转移养老保险关系;也可按照省级政府的规定,根据农民合同制职工本人申请,将其个人账户个人缴费部分一次性支付给本人,同时终止养老保险关系。农民合同制职工在男年满60周岁、女年满55周岁时,累计缴费年限满15年以上的,可按规定领取基本养老金;累计缴费年限不满15年的,其个人账户全部储存额一次性支付给本人。

(3)农民工有权参加失业保险。

根据《失业保险条例》规定,城镇企业事业单位招用的农民合同制工人应该参加失业保险,用人单位按规定为农民工缴纳社会保险费,农民合同制工人本人不缴纳失业保险费。单位招用的农民合同制工人连续工作满1年,本单位并已缴纳失业保险费,劳动合同期满未续订或者提前解除劳动合同的,由社会保险经办机构根据其工作时间长短,对其支付一次性生活补助。

补助的办法和标准由省、自治区、直辖市人民政府规定。

（4）用人单位应依法为农民工参加生育保险。

目前我国的生育保险制度还没有普遍建立，各地工作进展不平衡。从各地制定的规定看，有的地区没有将农民工纳入生育保险覆盖范围，有的地区则将农民工纳入了生育保险覆盖范围。如果农民工所在地区将农民工纳入了生育保险覆盖范围，农民工所在单位应按规定为农民工参加生育保险并缴纳生育保险费，符合规定条件的生育农民工依法享受生育保险待遇。

（5）劳动争议与调解处理。

劳动争议，也称劳动纠纷，就是指劳动关系当事人双方（用人单位和劳动者）之间因执行劳动法律、法规或者履行劳动合同以及其他劳动问题而发生劳动权利与义务方面的纠纷。

①劳动争议的范围。劳动争议的内容，是指劳动合同关系中当事人的权利与义务。所以，用人单位与劳动者之间发生的争议不都是劳动争议。只有在争议涉及劳动关系双方当事人在劳动关系中的权利和义务时，它才是劳动争议。劳动争议包括：因开除、除名、辞退职工和职工辞职、自动离职发生的争议；因执行国家有关工资、保险、福利、培训、劳动保护的规定发生的争议；因履行劳动合同发生的争议等。

②劳动争议处理机构。我国的劳动争议处理机构主要有：企业劳动争议调解委员会、各级政府劳动争议仲裁委员会和人民法院。根据《劳动法》等的规定：在用人单位内可以设劳动争议调解委员会，负责调解本单位的劳动争议；在县、市、市辖区应当设立劳动争议仲裁委员会；各级人民法院的民事审判庭负责劳动争议案件的审理工作。

③劳动争议的解决方法。根据我国有关法律、法规的规定，解决劳动争议的方法如下：

a. 协商。劳动争议发生后,双方当事人应当先进行协商,以达成解决方案。

b. 调解。就是企业调解委员会对本单位发生的劳动争议进行调解。从法律、法规的规定看,这并不是必经的程序。但它对于劳动争议的解决却起到很大作用。

c. 仲裁。劳动争议调解不成的,当事人可以向劳动争议仲裁委员会申请仲裁。当事人也可以直接向劳动争议仲裁委员会申请仲裁。当事人从知道或应当知道其权利被侵害之日起 60 日内,以书面形式向仲裁委员会申请仲裁。仲裁委员会应当自收到申请书之日起 7 日内做出受理或不予受理的决定。

d. 诉讼。当事人对仲裁裁决不服的,可以自收到仲裁裁决之日起 15 日内向人民法院起诉。人民法院民事审判庭受理和审理劳动争议案件。

④维护自身权益要注意法定时限。劳动者通过法律途径维护自身权益,一定要注意不能超过法律规定的时限。劳动者通过劳动争议仲裁、行政复议等法律途径维护自身合法权益,或者申请工伤认定、职业病诊断与鉴定等,一定要注意在法定的时限内提出申请。如果超过了法定时限,有关申请可能不会被受理,致使自身权益难以得到保护。主要的时限包括:

a. 申请劳动争议仲裁的,应当在劳动争议发生之日(即当事人知道或应当知道其权利被侵害之日)起 60 日内向劳动争议仲裁委员会申请仲裁。

b. 对劳动争议仲裁裁决不服、提起诉讼的,应当自收到仲裁裁决书之日起 15 日内,向人民法院提起诉讼。

c. 申请行政复议的,应当自知道该具体行政行为之日起 60 日内提出行政复议申请。

d. 对行政复议决定不服、提起行政诉讼的,应当自收到行政复议决定书之日起 15 日内,向人民法院提起行政诉讼。

e. 直接向人民法院提起行政诉讼的,应当在知道做出具体行政行为之日起 3 个月内提出,法律另有规定的除外。因不可抗力或者其他特殊情况耽误法定期限的,在障碍消除后的 10 日内,可以申请延长期限,由人民法院决定。

f. 申请工伤认定的,所在单位应当自事故伤害发生之日或者被诊断、鉴定为职业病之日起 30 日内,向统筹地区劳动保障行政部门提出工伤认定申请。遇有特殊情况,经报劳动保障行政部门同意,申请时限可以适当延长。用人单位未按前款规定提出工伤认定申请的,工伤职工或者其直系亲属、工会组织在事故伤害发生之日或者被诊断、鉴定为职业病之日起 1 年内,可以直接向用人单位所在地统筹地区劳动保障行政部门提出工伤认定申请。

三、工人健康卫生知识

1. 常见疾病的预防和治疗

(1)流行性感冒。

①流行性感冒的传播方式。流行性感冒简称流感,是由流感病毒引起的一种急性呼吸道传染病。流感的传染源主要是患者,病后 1~7 天均有传染性。流感主要通过呼吸道传播,传染性很强,常引起流行。一般常突然发生,迅速蔓延,患者数多。

提示:发生流行性感冒时应注意与病人保持一定距离,以免被传染。

②流行性感冒的症状。流感的症状与感冒类似,主要是发热及上呼吸道感染症状,如咽痛、鼻塞、流鼻涕、打喷嚏、咳嗽等。流感的全身症状重,而局部症状很轻。

③流行性感冒的预防。

a. 最主要的是注射流感疫苗,疫苗应于流感流行前 1～2 个月注射。因流感冬季易发,故常于每年 10 月左右进行注射。

b. 应当尽量避免接触病人,流行期间不到人多的地方去。

c. 增强身体抵抗力最重要,生活规律、适当锻炼、合理营养、精神愉快非常关键。

d. 避免过累、精神紧张、着凉、酗酒等。

(2)细菌性痢疾。

①细菌性痢疾的传播方式。细菌性痢疾(简称菌痢),是夏秋季节最常见的急性肠道传染病,由痢疾杆菌引起,以结肠化脓性炎症为主要病变。菌痢主要通过粪—口途径传播,即患者大便中的痢疾杆菌可以污染手、食物、水、蔬菜、水果等而进入口中引起感染。细菌性痢疾终年均有发生,但多流行于夏秋季节。人群对此病普遍易感,幼儿及青壮年发病率较高。

②细菌性痢疾的症状。细菌性痢疾病情可轻可重,轻者仅有轻度腹泻,重者可有发热、全身不适、乏力、恶心、呕吐、腹痛、腹泻。腹泻次数由一日数次至十数次不等,患者常有老想解大便可总也解不干净的感觉(里急后重),患者大便中常有黏液,重者有脓血。

③细菌性痢疾的预防。

a. 做好痢疾患者的粪便、呕吐物的消毒处理,管理好水源,防止病菌污染水源、土壤及农作物;患者使用过的厕所、餐具等也应消毒。

b. 不喝生水,不生吃水产品,蔬菜要洗净、炒熟再吃,水果应洗净削皮后食用。

c. 养成饭前、便后洗手的习惯,不吃被苍蝇、蟑螂叮咬过或爬过的食物,积极做好灭苍蝇、灭蟑螂工作。

d. 加强体育锻炼,增强体质。

重点:注意个人卫生,养成饭前、便后洗手的习惯。

(3)食物中毒。

①细菌性食物中毒的传播方式。细菌性食物中毒是由于进食被细菌或细菌毒素污染的食物而引起的急性感染中毒性疾病。细菌性食物中毒是典型的肠道传染病,发生原因主要有以下几个方面:

a. 食物在宰杀或收割、运输、储存、销售等过程中受到病菌的污染。

b. 被致病菌污染的食物在较高的温度下存放,食品中充足的水分、适宜的酸碱度及营养条件使致病菌大量繁殖或产生毒素。

c. 食品在食用前未烧透或熟食受到生食交叉污染。

d. 在缺氧环境中(如罐头等)肉毒杆菌产生毒素。

②细菌性食物中毒的症状。胃肠型细菌性食物中毒是食物中毒中最常见的一种,是由于食用了被细菌或细菌毒素污染的食物所引起的。绝大多数患者表现为胃肠炎的症状,如恶心、呕吐、腹痛、腹泻、排水样便等。腹泻一天数次到数十次不等,多数是稀水样便,个别人可有黏液血便、血水样便等,极少数患者可以发生败血症。

③细菌性食物中毒的预防。

a. 防止食品污染。加强对污染源的管理,做好牲畜屠宰前后的卫生检验,防止感染;对海鲜类食品应加强管理,防止污染其他食品;要严防食品加工、贮存、运输、销售过程中被病原体污染;食品容器、刀具等应严格生熟分开使用,做好消毒工作,防止交叉污染;生产场所、厨房、食堂等要有防蝇、防鼠设备;严格遵守饮食行业和炊事人员的个人卫生制度;患化脓性病症和上呼吸道感染的患者,在治愈前不应参加接触食品的工作。

　　b. 控制病原体繁殖及外毒素的形成。食品应低温保存或放在阴凉通风处,食品中加盐量达 10% 也可有效控制细菌繁殖及毒素形成。

　　c. 彻底加热杀灭细菌及破坏毒素。这是防止食物中毒的重要措施,要彻底杀灭肉中的病原体,肉块不应太大,加热时其内部温度可以达到 80℃,这样持续 12min 就可将细菌杀死。

　　d. 凡是食品在加工和保存过程中有厌氧环境存在,均应防止肉毒杆菌的污染,过期罐头——特别是产气罐头(其盖鼓起)均勿食用。

　　(4)病毒性肝炎。

　　①病毒性肝炎的类型。病毒性肝炎是由多种肝炎病毒引起的,以肝脏损害为主的一组全身性传染病。按病原体分类,目前已确定的有甲型肝炎、乙型肝炎、丙型肝炎、丁型肝炎、戊型肝炎。通过实验诊断排除上述类型的肝炎者,称为"非甲—戊型肝炎"。

　　②病毒性肝炎的传染源。

　　a. 甲型肝炎无病毒携带状态,传染源为急性期患者和隐性感染者。粪便排毒期在起病前 2 周至血清转氨酶高峰期后 1 周,少数患者延长至病后 30 天。

　　b. 乙型肝炎属于常见传染病,可通过母婴、血液和体液传播。传染源主要是急、慢性乙型肝炎患者和病毒携带者。急性患者在潜伏期末及急性期有传染性,但不超过 6 个月。慢性患者和病毒携带者作为传染源预防的意义重大。

　　c. 丙型肝炎的传染源是急、慢性患者和无症状病毒携带者。

　　d. 丁型肝炎的传染源与乙型肝炎相似。

　　e. 戊型肝炎的传染源与甲型肝炎相似。

③病毒性肝炎的症状。

a. 疲乏无力、懒动、下肢酸困不适,稍加活动则难以支持。

b. 食欲不振、食欲减退、厌油、恶心、呕吐及腹胀,往往食后加重。

c. 部分病人尿黄、尿色如浓茶,大便色淡或灰白,腹泻或便秘。

d. 右上腹部有持续性腹痛,个别病人可呈针刺样或牵拉样疼痛,于活动、久坐后加重,卧床休息后可缓解,右侧卧时加重,左侧卧时减轻。

e. 医生检查可有肝脏肿大、压痛、肝区叩击痛、肝功能损害,部分病例出现发热及黄疸表现。

f. 血清谷丙转氨酶及血中总胆红素升高有助于诊断,也可进一步做血清免疫学检查及明确肝炎类型。

④病毒性肝炎的预防。病毒性肝炎预防应采取以切断传播途径为重点的综合性措施。

对甲型、戊型肝炎,重点抓好水源保护、饮水消毒、食品加工、粪便管理等,切断粪—口途径传播,注意个人卫生,饭前、便后洗手,不喝生水,生吃瓜果要洗净。对于急性病如甲型和戊型肝炎病人接触的易感人群,应注射人血丙种球蛋白,注射时间越早越好。

对乙型、丙型和丁型肝炎,重点在于防止通过血液和体液的传播,各种医疗及预防注射,应实行一人一针一管,对带血清的污染物应严格消毒,对血液和血液制品应严格检测。对学龄前儿童和密切接触者,应接种乙肝疫苗;乙肝疫苗和乙肝免疫球蛋白联合应用可有效地阻断母婴传播;医务人员在工作中因医疗意外或医疗操作不慎感染乙肝病毒,应立即注射免疫球蛋白。

2. 职业病的预防和治疗

(1)职业病定义。

所谓职业病,是指企业、事业单位和个体经济组织的劳动者在职业活动中,因接触粉尘、放射性物质和其他有毒、有害物质等因素而引起的疾病。对于患职业病的,我国法律规定,应属于工伤,享受工伤待遇。

(2)建筑企业常见的职业病。

①接触各种粉尘引起的尘肺病。

②电焊工尘肺、眼病。

③直接操作振动机械引起的手臂振动病。

④油漆工、粉刷工接触有机材料散发的不良气体引起的中毒。

⑤接触噪声引起的职业性耳聋。

⑥长期超时、超强度地工作,精神长期过度紧张造成相应职业病。

⑦高温中暑等。

(3)职业病鉴定与保障。

劳动者如果怀疑所得的疾病为职业病,应当及时到当地卫生部门批准的职业病诊断机构进行职业病诊断。对诊断结论有异议的,可以在 30 日内到市级卫生行政部门申请职业病诊断鉴定,鉴定后仍有异议的,可以在 15 日内到省级卫生行政部门申请再鉴定。被诊断、鉴定为职业病,所在单位应当自被诊断、鉴定为职业病之日起 30 日内,向统筹地区劳动保障行政部门提出工伤认定申请。

提示:劳动者日常需要注意收集与职业病相关的材料。

(4)职业病的诊断。

根据《中华人民共和国职业病防治法》(以下简称《职业病防治法》)和《职业病诊断与鉴定管理办法》的有关规定,具体程序为:

①职业病诊断应当由省级以上人民政府卫生行政部门批准的医疗卫生机构承担,劳动者可以在用人单位所在地或者本人居住地依法承担职业病诊断的医疗卫生机构进行职业病诊断。

②当事人申请职业病诊断时应当提供以下材料:

a. 职业史、既往史。

b. 职业健康监护档案复印件。

c. 职业健康检查结果。

d. 工作场所历年职业病危害因素检测、评价资料。

e. 诊断机构要求提供的其他必需的有关材料。

③职业病诊断应当依据职业病诊断标准,结合职业病危害接触史、工作场所职业病危害因素检测与评价、临床表现和医学检查结果等资料,综合做出分析。

④职业病诊断机构在进行职业病诊断时,应当组织三名以上取得职业病诊断资格的执业医师进行集体诊断。

⑤职业病诊断机构做出职业病诊断后,应当向当事人出具职业病诊断证明书。职业病诊断证明书应当明确是否患有职业病,对患有职业病的,还应当载明所患职业病的名称、程度(期别)、处理意见和复查时间。

⑥当事人对职业病诊断有异议的,在接到职业病诊断证明书之日起30日内,可以向做出诊断的医疗卫生机构所在地的市级卫生行政部门申请鉴定。

⑦当事人申请职业病诊断鉴定时,应当提供以下材料:

a. 职业病诊断鉴定申请书。

b. 职业病诊断证明书。

c. 其他有关资料。职业病诊断鉴定办事机构应当自收到申请资料之日起 10 日内完成材料审核,对材料齐全的发给受理通知书;材料不全的,通知当事人补充。职业病诊断鉴定办事机构应当在受理鉴定之日起 60 日内组织鉴定。

⑧鉴定委员会应当认真审查当事人提供的材料,必要时可听取当事人的陈述和申辩,对被鉴定人进行医学检查,对被鉴定人的工作场所进行现场调查取证。

⑨职业病诊断鉴定书应当包括以下内容:

a. 劳动者、用人单位的基本情况及鉴定事由。

b. 参加鉴定的专家情况。

c. 鉴定结论及其依据,如果为职业病,应当注明职业病名称、程度(期别)。

d. 鉴定时间。职业病诊断鉴定书应当于鉴定结束之日起 20 日内由职业病诊断鉴定办事机构发送给当事人。

(5)劳动者有权利拒绝从事容易发生职业病的工作。

劳动者依法享有保持自己身体健康的权利,因此,对于是否选择从事存在职业病危害的工作,应当由劳动者依照其自己的意愿决定。而要使劳动者能够自行决定是否选择从事该工作,就应当保证劳动者对相关工作内容以及其可能带来的危害有一定的了解。正因为如此,《职业病防治法》规定:"用人单位与劳动者订立劳动合同(含聘用合同,下同)时,应当将工作过程中可能产生的职业病危害及其后果、职业病防护措施和待遇等如实告知劳动者,并在劳动合同中写明,不得隐瞒或者欺骗。""劳动者在已订立劳动合同期间因工作岗位或者工作内容变更,从事与所订立劳动合同中未告知的存在职业病危害的作业时,用人单位应当依照前款规定,向劳动者履行如实告知的义务,并协商变更原劳动合同相关条款。""用人单位违反前两款规定的,劳动者有权拒绝从事存在职业病危害的作业，用人单位不得因此解除或者终止与劳动者所订立的劳动合同。"

另外，根据《职业病防治法》的规定，用人单位违反本规定，订立或者变更劳动合同时，未告知劳动者职业病危害真实情况的，由卫生行政部门责令限期改正，给予警告，可以并处2万元以上5万元以下的罚款。

根据前述规定，如果用人单位没有将工作过程中可能产生的职业病危害及其后果、职业病防护措施和待遇等如实告知劳动者，并在劳动合同中写明，那么劳动者就有权利拒绝从事存在职业病危害的作业，并且用人单位不得因劳动者拒绝从事该作业而解除或者终止劳动者的劳动合同。

(6)患职业病的劳动者有权获得相应的保障。

①患职业病的劳动者有权利获得职业保障。《中华人民共和国劳动合同法》规定，用人单位以下情形不得解除劳动合同：

a.患职业病或者因工负伤并确认丧失或者部分丧失劳动能力的。

b.患病或者负伤，在规定的医疗期内的。职业病病人依法享受国家规定的职业病待遇，用人单位对不适宜继续从事原工作的职业病病人，应当调离原岗位，并妥善安置。

②患职业病的劳动者有权利获得医疗保障。《职业病防治法》规定："职业病病人依法享受国家规定的职业病待遇。用人单位应当按照国家有关规定，安排职业病病人进行治疗、康复和定期检查。"

③患职业病的劳动者有权利获得生活保障。《职业病防治法》规定："劳动者被诊断患有职业病，但用人单位没有依法参加工伤社会保险的，其医疗和生活保障由最后的用人单位承担。"

④患职业病的劳动者有权利依法获得赔偿。职业病病人除依法享有工伤社会保险外,依照有关民事法律,尚有获得赔偿的权利的,有权向用人单位提出赔偿要求。

(7)职工患职业病后的一次性处理规定。

职工患病后,应当先行治疗,然后进行职业病的诊断和鉴定。如果职工按照《职业病防治法》规定被诊断、鉴定为职业病,必须向劳动保障行政部门提出工伤认定申请,由劳动保障行政部门做出工伤认定。如果职工经治疗伤情相对稳定后存在残疾、影响劳动能力的,还应当进行劳动能力鉴定。最后职工才可按照《工伤保险条例》规定的标准享受工伤保险待遇。

以上程序是职工患职业病后享受工伤待遇所必需的,是切实保障职工合法权益的基础。但在实际生活中,一些用人单位和职工由于不懂工伤法律或者怕麻烦、图省事,在职工患病后就直接约定进行一次性工伤补助,这种做法是不可取的。当然,如果工伤职工愿意,待治愈或病情稳定做出工伤伤残等级鉴定后,可参照有关工伤的规定依法与企业达成一次性领取工伤待遇的相关协议。

(8)治疗职业病的有关费用支付。

首先应当明确的是,检查、治疗、诊断职业病的,劳动者本人不承担相关费用。这些费用依照规定,应当由用人单位负担或者从工伤保险基金中支付。

①职业健康检查费用由用人单位承担。

②救治急性职业病危害的劳动者,或者进行健康检查和医学观察,所需费用由用人单位承担。

③职业病诊断鉴定费用由用人单位承担。

④因职业病进行劳动能力鉴定的,鉴定费从工伤保险基金中支付。

⑤因职业病需要治疗的,相关费用按照工伤的规定处理。

还需要说明的是,不管是职业病还是其他原因发生的工伤,都必须进行彻底的治疗,相关的费用不管花了多少,都应当依法予以报销,即"工伤索赔上不封顶"。

(9)劳动者在职业病防治中须承担的义务。

①认真接受用人单位的职业卫生培训,努力学习和掌握必要的职业卫生知识。

②遵守职业卫生法规、制度、操作规程。

③正确使用与维护职业危害防护设备及个人防护用品。

④及时报告事故隐患。

⑤积极配合上岗前、在岗期间和离岗时的职业健康检查。

⑥如实提供职业病诊断、鉴定所需的有关资料等。

重点:熟知职业安全卫生警示标志,禁止不安全的操作行为,正确使用个人防护用品。

(10)建筑企业常见职业病及预防控制措施。

①接触各种粉尘引起的尘肺病预防控制措施。

作业场所防护措施:加强水泥等易扬尘的材料的存放处、使用处的扬尘防护,任何人不得随意拆除,在易扬尘部位设置警示标志。

个人防护措施:落实相关岗位的持证上岗,给施工作业人员提供扬尘防护口罩,杜绝施工操作人员的超时工作。

②电焊工尘肺、眼病的预防控制措施。

作业场所防护措施:为电焊工提供通风良好的操作空间。

个人防护措施:电焊工必须持证上岗,作业时佩戴有害气体防护口罩、眼睛防护罩,杜绝违章作业,采取轮流作业,杜绝施工操作人员的超时工作。

③直接操作振动机械引起的手臂振动病的预防控制措施。

作业场所防护措施:在作业区设置预防职业病警示标志。

个人防护措施:机械操作工要持证上岗,提供振动机械防护手套,延长换班休息时间,杜绝作业人员的超时工作。

④油漆工、粉刷工接触有机材料散发不良气体引起的中毒预防控制措施。

作业场所防护措施:加强作业区的通风排气措施。

个人防护措施:相关工种持证上岗,给作业人员提供防护口罩,轮流作业,杜绝作业人员的超时工作。

⑤接触噪声引起的职业性耳聋的预防控制措施。

作业场所防护措施:在作业区设置防职业病警示标志,对噪声大的机械加强日常保养和维护,减少噪声污染。

个人防护措施:为施工操作人员提供劳动防护耳塞轮流作业,杜绝施工操作人员的超时工作。

⑥长期超时、超强度地工作,精神长期过度紧张所造成相应职业病的预防控制措施。

作业场所防护措施:提高机械化施工程度,减小工人劳动强度,为职工提供良好的生活、休息、娱乐场所,加强施工现场文明施工。

个人防护措施:不盲目抢工期,即使抢工期也必须安排充足的人员能够按时换班作业,采取 8h 作业换班制度,及时发放工人工资,稳定工人情绪。

⑦高温中暑的预防控制措施。

作业场所防护措施:在高温期间,为职工备足饮用水或绿豆汤、防中暑药品、器材。

个人防护措施:减少工人工作时间,尤其是延长中午休息时间。

提示:工作场所自觉做好个人安全防护。

四、工地施工现场急救知识

施工现场急救基本常识主要包括应急救援基本常识、触电急救知识、创伤救护知识、火灾急救知识、中毒及中暑急救知识以及传染病急救措施等，了解并掌握这些现场急救基本常识，是做好安全工作的一项重要内容。

1. 应急救援基本常识

(1)施工企业应建立企业级重大事故应急救援体系，以及重大事故救援预案。

(2)施工项目应建立项目重大事故应急救援体系，以及重大事故救援预案；在实行施工总承包时，应以总承包单位事故预案为主，各分包队伍也应有各自的事故救援预案。

(3)重大事故的应急救援人员应经过专门的培训，事故的应急救援必须有组织、有计划地进行；严禁在未清楚事故情况下，盲目救援，以免造成更大的伤害。

(4)事故应急救援的基本任务：

①立即组织营救受害人员，组织撤离或者采取其他措施保护危害区域内的其他人员。

②迅速控制事态，并对事故造成的危害进行检测、监测，测定事故的危害区域、危害性质及危害程度。

③消除危害后果，做好现场恢复。

④查清事故原因，评估危害程度。

2. 触电急救知识

触电者的生命能否获救，在绝大多数情况下取决于能否迅速脱离电源和正确地实行人工呼吸和心脏按摩。拖延时间、动作迟缓或救护不当,都可能造成人员伤亡。

(1)脱离电源的方法。

①发生触电事故时,附近有电源开关和电流插销的,可立即将电源开关断开或拔出插销;但普通开关(如拉线开关、单极按钮开关等)只能断一根线,有时不一定关断的是相线,所以不能认为是切断了电源。

②当有电的电线触及人体引起触电,不能采用其他方法脱离电源时,可用绝缘的物体(如干燥的木棒、竹竿、绝缘手套等)将电线移开,使人体脱离电源。

③必要时可用绝缘工具(如带绝缘柄的电工钳、木柄斧头等)切断电线,以切断电源。

④应防止人体脱离电源后造成的二次伤害,如高处坠落、摔伤等。

⑤对于高压触电,应立即通知有关部门停电。

⑥高压断电时,应戴上绝缘手套,穿上绝缘鞋,用相应电压等级的绝缘工具切断开关。

(2)紧急救护基本常识。

根据触电者的情况,进行简单的诊断,并分别处理:

①病人神志清醒,但感到乏力、头昏、心悸、出冷汗,甚至有恶心或呕吐症状。此类病人应使其就地安静休息,减轻心脏负担,加快恢复;情况严重时,应立即小心送往医院检查治疗。

②病人呼吸、心跳尚存在,但神志昏迷。此时,应将病人仰卧,周围空气要流通,并注意保暖;除了要严密观察外,还要做好人工呼吸和心脏挤压的准备工作。

③如经检查发现,病人处于"假死"状态,则应立即针对不同类型的"假死"进行对症处理:如果呼吸停止,应用口对口的人工呼吸法来维持气体交换;如心脏停止跳动,应用体外人工心脏挤

压法来维持血液循环。

a. 口对口人工呼吸法:病人仰卧、松开衣物──▶清理病人口腔阻塞物──▶病人鼻孔朝天、头后仰──▶捏住病人鼻子贴嘴吹气──▶放开嘴鼻换气,如此反复进行,每分钟吹气 12 次,即每 5s 吹气 1 次。

b. 体外心脏挤压法:病人仰卧硬板上──▶抢救者用手掌对病人胸口凹膛──▶掌根用力向下压──▶慢慢向下──▶突然放开,连续操作,每分钟进行 60 次,即每秒一次。

c. 有时病人心跳、呼吸停止,而急救者只有一人时,必须同时进行口对口人工呼吸和体外心脏挤压,此时,可先吹两次气,立即进行挤压 15 次,然后再吹两次气,再挤压,反复交替进行。

🕹 3. 创伤救护知识

创伤分为开放性创伤和闭合性创伤。开放性创伤是指皮肤或黏膜的破损,常见的有:擦伤、切割伤、撕裂伤、刺伤、撕脱、烧伤;闭合性创伤是指人体内部组织损伤,而皮肤黏膜没有破损,常见的有:挫伤、挤压伤。

(1)开放性创伤的处理。

①对伤口进行清洗消毒可用生理盐水和酒精棉球,将伤口和周围皮肤上沾染的泥沙、污物等清理干净,并用干净的纱布吸收水分及渗血,再用酒精等药物进行初步消毒。在没有消毒条件的情况下,可用清洁水冲洗伤口,最好用流动的自来水冲洗,然后用干净的布或敷料吸干伤口。

②止血。对于出血不止的伤口,能否做到及时有效地止血,对伤员的生命安危影响较大。在现场处理时,应根据出血类型和部位不同采用不同的止血方法:直接压迫──将手掌通过敷

料直接加压在身体表面的开放性伤口的整个区域；抬高肢体——对于手、臂、腿部严重出血的开放性伤口都应抬高，使受伤肢体高于心脏水平线；压迫供血动脉——手臂和腿部伤口的严重出血，如果应用直接压迫和抬高肢体仍不能止血，就需要采用压迫点止血技术；包扎——使用绷带、毛巾、布块等材料压迫止血，保护伤口，减轻疼痛。

③烧伤的急救。应先去除烧伤源，将伤员尽快转移到空气流通的地方，用较干净的衣服把伤面包裹起来，防止再次污染；在现场，除了化学烧伤可用大量流动清水冲洗外，对创面一般不做处理，尽量不弄破水泡，保护表皮。

(2)闭合性创伤的处理。

①较轻的闭合性创伤，如局部挫伤、皮下出血，可在受伤部位进行冷敷，以防止组织继续肿胀，减少皮下出血。

②如发现人员从高处坠落或摔伤等意外时，要仔细检查其头部、颈部、胸部、腹部、四肢、背部和脊椎，看看是否有肿胀、青紫、局部压疼、骨摩擦声等其他内部损伤。假如出现上述情况，不能对患者随意搬动，需按照正确的搬运方法进行搬运；否则，可能造成患者神经、血管损伤并加重病情。

现场常用的搬运方法有：担架搬运法——用担架搬运时，要使伤员头部向后，以便后面抬担架的人可随时观察其变化；单人徒手搬运法——轻伤者可扶着走，重伤者可让其伏在急救者背上，双手绕颈交叉垂下，急救者用双手自伤员大腿下抱住伤员大腿。

③如怀疑有内伤，应尽早使伤员得到医疗处理；运送伤员时要采取卧位，小心搬运，注意保持呼吸道畅通，注意防止休克。

④运送过程中，如突然出现呼吸、心跳骤停时，应立即进行

人工呼吸和体外心脏挤压法等急救措施。

4. 火灾急救知识

一般地说,起火要有三个条件,即可燃物(木材、汽油等)、助燃物(氧气等)和点火源(明火、烟火、电焊花等)。扑灭初起火灾的一切措施,都是为了破坏已经产生的燃烧条件。

(1)火灾急救的基本要点。

施工现场应有经过训练的义务消防队,发生火灾时,应由义务消防队急救,其他人员应迅速撤离。

①及时报警,组织扑救。全体员工在任何时间、地点,一旦发现起火都要立即报警,并在确保安全前提下参与和组织群众扑灭火灾。

②集中力量,主要利用灭火器材,控制火势,集中灭火力量在火势蔓延的主要方向进行扑救,以控制火势蔓延。

③消灭飞火,组织人力监视火场周围的建筑物、露天物资堆放场所的未尽飞火,并及时扑灭。

④疏散物资,安排人力和设备,将受到火势威胁的物资转移到安全地带,阻止火势蔓延。

⑤积极抢救被困人员。人员集中的场所发生火灾,要有熟悉情况的人做向导,积极寻找和抢救被困的人员。

(2)火灾急救的基本方法。

①先控制,后消灭。对于不可能立即扑灭的火灾,要先控制火势,具备灭火条件时再展开全面进攻,一举消灭。

②救人重于救火。灭火的目的是为了打开救人通道,使被困的人员得到救援。

③先重点,后一般。重要物资和一般物资相比,先保护和抢救重要物资;火势蔓延猛烈方面和其他方面相比,控制火势蔓延

的方面是重点。

④正确使用灭火器材。水是最常用的灭火剂,取用方便,资源丰富,但要注意水不能用于扑救带电设备的火灾。各种灭火器的用途和使用方法如下:

酸碱灭火器:倒过来稍加摇动或打开开关,药剂喷出。适用于扑救油类火灾。

泡沫灭火器:把灭火器筒身倒过来,打开保险销,把喷管口对准火源,拉出拉环,即可喷出。适合于扑救木材、棉花、纸张等火灾,不能扑救电气、油类火灾。

二氧化碳灭火器:一手拿好喇叭筒对准火源,另一手打开开关既可。适合于扑救贵重仪器和设备,不能扑救金属钾、钠、镁、铝等物质的火灾。

干粉灭火器:打开保险销,把喷管口对准火源,拉出拉环,即可喷出。适用于扑救石油产品、油漆、有机溶剂和电气设备等火灾。

⑤人员撤离火场途中被浓烟围困时,应采取低姿势行走或匍匐穿过浓烟,有条件时可用湿毛巾等捂住嘴鼻,以便顺利撤出烟雾区;如无法进行逃生,可向建筑物外伸出衣物或抛出小物件,发出求救信号引起注意。

⑥进行物资疏散时应将参加疏散的员工编成组,指定负责人首先疏散通道,其次疏散物资,疏散的物资应堆放在上风向的安全地带,不得堵塞通道,并要派人看护。

5. 中毒及中暑急救知识

施工现场发生的中毒主要有食物中毒、燃气中毒及毒气中毒;中暑是指人员因处于高温高热的环境而引起的疾病。

(1)食物中毒的救护。

①发现饭后有多人呕吐、腹泻等不正常症状时,尽量让病人大量饮水,刺激喉部使其呕吐。

②立即将病人送往就近医院或打120急救电话。

③及时报告工地负责人和当地卫生防疫部门,并保留剩余食品以备检验。

(2)燃气中毒的救护。

①发现有人煤气中毒时,要迅速打开门窗,使空气流通。

②将中毒者转移到室外实行现场急救。

③立即拨打120急救电话或将中毒者送往就近医院。

④及时报告有关负责人。

(3)毒气中毒的救护。

①在井(地)下施工中有人发生毒气中毒时,井(地)上人员绝对不要盲目下去救助;必须先向出事点送风,救助人员装备齐全安全保护用具,才能下去救人。

②立即报告工地负责人及有关部门,现场不具备抢救条件时,应及时拨打110或120电话求救。

(4)中暑的救护。

①迅速转移。将中暑者迅速转移至阴凉通风的地方,解开衣服,脱掉鞋子,让其平卧,头部不要垫高。

②降温。用凉水或50%酒精擦其全身,直到皮肤发红、血管扩张以促进散热。

③补充水分和无机盐类。能饮水的患者应鼓励其喝足量盐开水或其他饮料,不能饮水者,应予静脉补液。

④及时处理呼吸、循环衰竭。呼吸衰竭时,可注射尼可刹明或山梗茶碱;循环衰竭时,可注射鲁明那钠等镇静药。

⑤医疗条件不完善时,应对患者严密观察,精心护理,送往附近医院进行抢救。

6.传染病急救措施

由于施工现场的人员较多,如果控制不当,容易造成集体感染传染病。因此需要采取正确的措施加以处理,防止大面积人员感染传染病。

(1)如发现员工有集体发烧、咳嗽等不良症状,应立即报告现场负责人和有关主管部门,对患者进行隔离加以控制,同时启动应急救援方案。

(2)立即把患者送往医院进行诊治,陪同人员必须做好防护隔离措施。

(3)对可能出现病因的场所进行隔离、消毒,严格控制疾病的再次传播。

(4)加强现场员工的教育和管理,落实各级责任制,严格履行员工进出现场登记手续,做好病情的监测工作。

参 考 文 献

[1] 中华人民共和国住房和城乡建设部. 建筑装饰装修工程质量验收规范 (GB 50210—2001)[S]. 北京:中国建筑工业出版社,2001.

[2] 建设部干部学院. 金属工. [M]. 武汉:华中科技大学出版社,2009.

[3] 中国建筑装饰协会培训中心. 建筑装饰装修金属工[M]. 北京:中国建筑工业出版社,2003.3.

[4] 中华人民共和国住房和城乡建设部. 住宅装饰装修工程施工规范(GB 50327—2001)[S]. 北京:中国建筑工业出版社,2001.

[5] 中华人民共和国住房和城乡建设部. 建筑施工安全技术统一规范(GB 50870—2013)[S]. 北京:中国建筑工业出版社,2014.

[6] 建设部人事教育司. 木工[M]. 北京:中国建筑工业出版社,2002.